DEL AZAR Y DE LA CAUSALIDAD FÍSICA EN LAS TRANSFORMACIONES DEL MUNDO

Fernando Ruiz Rey, MD

DEL AZAR Y DE LA CAUSALIDAD FÍSICA EN LAS TRANSFORMACIONES DEL MUNDO

Fernando Ruiz Rey, MD

ISBN-13: 978-1983794315
ISBN-10: 1983794317

Fecha de publicación: Enero 11, 2018

Filosofía de la ciencia

Diseño de portada e interior: Mario A. Lopez, Cristian Aguirre
Imagen de portada: LoganArt/Planet/Pixabay.com

Impreso y encuadernado en Estados Unidos de América.

OIACDI

Organización Internacional para el Avance Científico del Diseño Inteligente

Contenido

NOTA PRELIMINAR

"Del azar y de la causalidad física en las transformaciones del mundo" es el resultado del interés y de la curiosidad que despertaron en mí, el azar y la causalidad física, propuestos como fundamentales para explicar el desarrollo en el universo de la creciente complejidad estructural con sus increíbles propiedades, desde su comienzo hasta nuestros días. Este interés se materializó en un estudio personal para lograr un conocimiento adecuado para una persona no experta en estos temas, de lo que se significa con la noción de azar y de lo que se entiende por causalidad en el estudio de la naturaleza, y de sus posibilidades para explicar la compleja evolución de nuestro mundo.

Este peregrinar en búsqueda de información y de conocimiento comienza con un análisis del concepto de azar y del uso que se hace de esta noción en diversos contextos, desde el diario vivir, hasta un intento por coger con claridad aceptable lo que se denomina números aleatorios. En este trayecto nos encontramos con el azar verdadero o absoluto y el azar epistemológico, que he considerado nociones importantes en el desarrollo, sentido y dirección de este trabajo. La noción de azar se relaciona estrechamente con el concepto de indeterminismo, que se intenta sustentar en ciencia, con el advenimiento de los Sistemas caóticos y, particularmente con el desarrollo de la Física cuántica, con sus sorprendentes y paradójicos fenómenos. Reviso brevemente los sistemas caóticos, pero me detengo en la microfísica, para exponer algunos detalles y destacar que el sustento teórico que soporta estos extraños fenómenos, no goza de gran firmeza teórica, es debatido y permanece controversial en su significado epistemológico. En este capítulo destaco que la proposición de a-causalidad en ciencia conduce al desorden y a la irracionalidad, junto con debilitar su vigor y su credibilidad en su aporte al conocimiento del mundo.

El trabajo continúa con la noción de causa y de causalidad. Para abordar este tema, he considerado necesario hacer una pequeña reseña histórica, remontándome a la Tesis de las cuatro causas de Aristóteles, complementadas y ajustadas posteriormente por Santo Tomás de Aquino, para mostrar que el estudio de la naturaleza, comprendió en la Antigüedad y en la Edad Media, una compleja e integrada perspectiva causal. Esta concepción de la causalidad incluía dimensiones metafísicas y teológicas (Santo Tomás), como sustento de la 'causa eficiente', y de la 'causa final', que aportaba la dirección a las acciones causales concretas y efectivas. A continuación hago una pequeña incursión en la Revolución Científica del Siglo XVII y XVIII, en la que la corriente Aristotélico-tomista del estudio causal de la naturaleza, es cercenada, para reducir las causas tradicionales, a la mera causa eficiente, por ser objetiva, medible y manipulable, pero carente ahora, de ningún otro soporte, ni guía; solo sus efectos inmediatos. Hago un breve análisis de los beneficios y limitaciones que genera esta Revolución en la ciencia renovada: la Ciencia Moderna. Menciono luego las críticas formuladas desde la filosofía de la época, al racionalismo cartesiano y a las nociones de causalidad, incluyendo muy brevemente, los comentarios de David Hume e Immanuel Kant. El tema de la causalidad lo continúo, señalando las dificultades en lograr una definición general para la noción de causa que sea válida para su uso en diversos contextos, y recalco que en ciencia la causalidad encuentra sus raíces en la acción de las cuatro fuerzas fundamentales de la naturaleza reconocidas en física. También incluyo un breve comentario acerca de las leyes de la naturaleza, su estabilidad y su relación con las acciones de las fuerzas fundamentales.

Pero el análisis de la noción de azar y de la causalidad física, muestra que estos factores no constituyen una base adecuada para explicar las complejidades crecientes con sus propiedades, observabas en el desarrollo del universo; este es un problema que se hace particularmente notorio en la esfera biológica. Frente a esta situación se ha acuñado el concepto de "fenómenos emergentes", para reconocer y explicar estos desarrollos de estructuras y propiedades nuevas, difícilmente entendibles desde las leyes físicas y cualidades de los estados materiales que los preceden. Reviso brevemente el estudio de estos fenómenos, y señalo que no resultan ni claros ni verdaderamente explicativos, aunque se realizan grandes esfuerzos desde la ciencia y desde la filosofía, para definirlos y dar cuenta de su naturaleza; sin embargo, a pesar de esta falta de claridad, el "emergentismo" cuenta con popularidad por su fácil e ilusorio modo de 'explicar' lo que los poderes causales con que cuenta la ciencia, no pueden hacerlo.

"Del azar y de la causalidad física en las transformaciones del mundo" lo termino, señalando que la causalidad física, dependiente primariamente de las fuerzas fundamentales de la naturaleza, condiciona toda acción física, en la que en rigor no tiene cabida lo fortuito. En estas circunstancias la ciencia simplemente no posee un poder causal dirigido a la formación de estructuras con propiedades nuevas o diferentes, y menos de estructuras con actividad funcional específica como las que se encuentran en el área biológica. En la sección final, solo menciono las posibilidades, y también las dificultades que nos ofrece la concepción de Información en el mundo, incluyendo la Tesis del Diseño Inteligente, pero estas interesantes perspectivas no son el propósito de este trabajo.

Como lo he manifestado más arriba, este trabajo es en verdad, un estudio personal, sin pretensiones académicas, ni sofisticaciones técnicas; pero lo ofrezco a los lectores interesados en estos temas, para compartir información, y estimular su curiosidad por las fascinantes rutas que toma el imparable ímpetu por conocer y entender del ser humano. Espero sinceramente que les sea de interés.

Agradezco al equipo de OIACDI el contagioso entusiasmo que comparten por explorar nuevos caminos para el estudio y el entendimiento humano del mundo en que vivimos, y particularmente agradezco, el apoyo que me han brindado publicando algunos trabajos con los he querido participar en esta bella tarea que han emprendido con afán y dedicación.

Fernando Ruiz Rey

Raleigh, NC. USA

Diciembre del 2017

4   DEL AZAR Y DE LA CAUSALIDAD FÍSICA EN LAS TRANSFORMACIONES DEL MUNDO

AZAR: AZAR NATURAL, AZAR SUBJETIVO

Azar en el mundo: naturaleza

El azar es un concepto frecuentemente usado, tanto en la vida diaria, como en ciencia; sin embargo, no es una noción fácil de definir, ya que adquiere matices distintos y apunta en diferentes direcciones según sea el contexto en que se le examine. El azar no es una noción nueva, ya la encontramos en los filósofos griegos; Aristóteles, por ejemplo, distingue, el 'azar' (en los fenómenos naturales) y la 'suerte' o 'fortuna', (en los acontecimientos humanos); ambos son dos aspectos diferentes de accidentes excepcionales, infrecuentes y no necesarios, –verdaderas 'causas por accidentes'--, que se presentan cuando se entrecruzan las causas propias de la naturaleza operando independientemente, y se genera un acontecimiento inesperado. La suerte/fortuna es un acontecimiento contingente en la vida de las personas, diferente a la idea de 'Destino' (Hado), considerada predestinada. Pero una revisión histórica de la noción de azar, no constituye el tema de este trabajo, me interesa más bien el significado y uso de esta noción en nuestro tiempo. Reviso el azar en el mundo, comenzando con el azar en la naturaleza.

Quizás un buen ángulo para introducirnos en la comprensión de este ubicuo concepto sea visualizarlo en conexión con la noción de libertad, que también es difícil confinarla a una nítida definición, pero que sin embargo, tiene la gran ventaja de ser captada intuitivamente en nuestras actividades de la vida diaria; particularmente cuando encontramos escollos para realizar nuestros deseos y decisiones. La libertad nos permite expresarnos de acuerdo a nuestra voluntad, aunque condicionada, pero no determinada, a las circunstancias en que se ejercita. Los sucesos que calificamos fortuitos –productos del azar--, también aparecen como libres de causas, de condicionamientos determinantes, y carentes de propósitos –sin necesidad; estos sucesos nos impresionan como impredecibles. Obviamente, la noción de azar no es equivalente a la libertad que necesitamos para expresarnos, pero comparte con ella, la apertura que permite realizar nuestras decisiones, ya que el azar requiere para el acaecimiento de sucesos fortuitos, un espacio plenamente libre, sin obstáculos, determinismos, ni metas que los condicione. El azar pensado desde el origen de los acontecimientos que denominamos fortuitos, apunta entonces a un suceder sin ataduras determinantes ni condicionamientos, un suceder que sucede simplemente sin dirección, propósito ni necesidad alguna; con estas características, el azar sería obviamente, un suceder imprevisible.

El concepto de azar se utiliza fundamentalmente en nuestro contacto e interacción con el mundo que nos rodea, particularmente cuando realizamos actividades diversas o tratamos de entender la cambiante dinámica del ámbito natural, cuya comprensión en nuestra cultura está primariamente condicionada por la ciencia --la ciencia física. Nuestra percepción de los sucesos naturales se basa fundamentalmente en la concepción de la física tradicional. Desde esta perspectiva científica, los acontecimientos naturales son generados primariamente por las fuerzas elementales de la física (fuerza gravitacional, fuerza electromagnética y las fuerzas nucleares menor y mayor; los dos últimos propios de la microfísica) que en sus acciones, condicionan fenómenos naturales, regulares—si no están interferidos por otras acciones de estas fuerzas--, posibles de ser observables (directa o indirectamente), y que se pueden estructurar como las leyes de la naturaleza. Todos los sucesos naturales son resultado de estas fuerzas causales y leyes, y nada sucede en la naturaleza que no tenga una causa física. La atracción de dos cuerpos, por ejemplo, ocurre no por azar –sin condicionamiento alguno--, sino por gravedad, u otra fuerza física que determina su carácter (por ejemplo: f. electromagnética). De manera que desde el punto de vista de la física precuántica --la física cuántica la veremos más adelante--, el azar –el azar natural (u objetivo, o incondicionado)--, simplemente no existe, todo suceso natural está causado y condicionado por la dinámica física del contexto en que ocurre. Bajo este prisma, el azar no es un fenómeno que ocurra en la naturaleza concebida desde el punto de vista de la ciencia física; en otras palabras no es un poder causal.

Azar en el mundo: conducta humana

En lo referente al curso de nuestras acciones personales, la noción de azar tampoco tiene cabida, porque lisa y llanamente, actuamos de acuerdo a nuestras decisiones –a nuestro arbitrio--, y cuando nuestra conciencia no funciona claramente tenemos explicaciones psico-neurológicas que lo explica; de manera que al igual que en los fenómenos de la naturaleza, el azar natural como suceder sin condicionamiento alguno--, no aparece en las acciones personales, no es una característica del actuar humano.

Es efectivo que en la vida diaria con frecuencia llamamos fenómenos fortuitos aquellos que nos sorprenden, que nos benefician o perjudican, sean acciones humanas de terceros o fenómenos naturales. Pero este uso del concepto de azar nada tiene que ver con la ocurrencia y origen de esos sucesos, que siguen perfectamente la causalidad física, o la psico-fisiología humana. Este uso del concepto de azar es una mera expresión subjetiva que expresa la reacción humana ante lo inesperado y significativo que resultan estos fenómenos imprevistos. Se podría decir que en estas situaciones se da un azar –subjetivo –psicológico--, frente al acaecimiento de sucesos sorprendentes, no anticipados; se trata de una manera de describir y conceptualizar estos sucesos en forma auto referencial. Pero no un azar en la naturaleza misma, ni tampoco en la conducta de las personas que lo experimentan. (Aristóteles describe este tipo de sucesos como 'accidentales'.)

Un ejemplo que ilustra esta situación recién mencionada, es el clásico ejemplo del transeúnte que camina despreocupadamente por una calle, y que repentina e inesperadamente recibe un balde de agua lanzado por la ventana del segundo piso por la muchacha encargada de la limpieza; esta lo lanza sin mirar ni asegurarse que no pasa nadie por ahí. Los sucesos en este ejemplo, tanto los envueltos en el transeúnte como en la muchacha de la limpieza, y en la caída del agua, son parte de un continuo de acciones y fenómenos explicables, por lo que no se trata de un suceder fortuito. Se podría decir sin duda, que la muchacha obró con negligencia, pero no, que este suceso es un fenómeno generado por el mero azar natural, sin condicionamiento o causa alguna. Es efectivo que se puede afirmar que, ni el transeúnte ni la muchacha, planearon o querían que ocurriera este incidente que resulta inesperado y odioso. Este suceso, y similares, no es adecuado catalogarlos como producto del azar natural, ya que todo lo que ocurre en estas situaciones, sigue un curso perfectamente explicable y determinado. Este episodio es un hecho fortuito (accidental), en el sentido que no envuelve la intención de ninguna de las personas envueltas--, pero sin implicar un azar natural ni un azar en la conducta humana; se trataría más bien del encontrarse en una situación inesperada y claramente sorprendente –y desagradable--, que describimos como fortuita: azar subjetivo. Este tipo de situaciones inesperadas, curiosas, agradables o desagradables son muy comunes en la vida diaria de los seres humanos, y las catalogamos como producto del azar, pero –como ya lo he indicado--, no se trata de un azar objetivo, puesto que los sucesos ocurren en forma claramente causal y determinados (causas física o psicológicas), se trata más bien de una percepción autoreferencial de estos sucesos en los que nos encontramos envueltos; en este tipo de situaciones, la percepción del ser humano juega un papel primordial en el uso de la noción de azar.

Pero también se habla con frecuencia de azar en la naturaleza en situaciones que se perciben –por un ser humano--, como fortuitas; por ejemplo, la caída de un meteorito, justo en el cráter de un volcán; se podría decir –erróneamente--, que se trata de un hecho fortuito, no planeado e imprevisto: 'puro azar'; pero en rigor, lo que ha ocurrido es perfectamente explicable por una serie de causas que gobiernan la generación del meteorito, su caída y la posición del volcán. No se trata de azar, tal vez podríamos decir que se trata de una variedad de lo que hemos llamado azar subjetivo, algo que percibimos como no planeado, no intencional, impredecible y sorprendente por lo inesperado, pero perfectamente explicable por cadenas causales.

Es oportuno mencionar que la distorsión del concepto de azar se encuentra en muchas áreas de la actividad humana, incluso en la ciencia misma. Un ejemplo de esta situación la vemos en biología cuando la tesis Neo-darwiniana postula que las mutaciones genéticas casuales −al azar−, como uno de los mecanismos fundamentales de la evolución de las especies. Los científicos nos informan que estas mutaciones son el resultado de variados estados físicos, entre los que se cuentan, fenómenos metabólicos, tóxicos, y muy frecuentemente perturbaciones mecánicas derivadas de los movimientos de los cromosomas, particularmente su duplicación; estas mutaciones consisten en alteraciones de la codificación de los genes, con la consecuencia de generación de fenotipos modificados. De acuerdo a esta teoría, algunas de estas perturbaciones del "código genético normal" traerían rasgos beneficiosos que serían filtrados por la selección natural, y así −lentamente en la historia− se generarían las nuevas especies. Sin embargo, esta teoría no se ha confirmado, por el contrario, las experiencias de laboratorio muestran que este tipo de mutaciones al trastocar el ordenamiento del código genético, perturban su información biológica, más que reordenarla. Esto es fácil de entender, si pensamos este código genético como una página escrita con un abecedario; en el que un cambio mecánico o bioquímico en el texto, lo más probable de generar es ininteligibilidad, más que una lectura nueva y con mayor significado. Lo importante de este mecanismo propuesto como generación al azar de nuevos y beneficiosos rasgos para los organismos vivos, es que en modo alguno este supuesto proceso está regido por al azar; todos los pasos biológicos que llevan a una mutación genética obedecen a causas físicas, químicas y mecánicas, nada ocurre sin ataduras causales, incluyendo los rasgos fenotípicos resultantes de las mutaciones. De manera que es impropio hablar de mutaciones al azar o fortuitas, y por esta razón sería más adecuado describir este proceso propuesto por el Neo-darwinismo, como "no dirigido", esto es, sin un programa (o inteligencia) que lo conduzca a una meta específica buscada. El azar no es un poder causal; con esta precisión en los términos queda claro que el azar no juega ningún papel en la propuesta Neo-darwiniana.

10   DEL AZAR Y DE LA CAUSALIDAD FÍSICA EN LAS TRANSFORMACIONES DEL MUNDO

En este caso de distorsión del concepto de azar en el campo científico, no se debe a una confluencia de procesos ('independientes') que genera una situación inesperada para alguien, como vimos en el azar subjetivo, sino que se trata más bien de una distorsión generada por imprecisión en el uso de los conceptos.

En el próximo Post veremos otra modalidad del uso de este ubicuo concepto de azar, en lo que se denomina Azar epistemológico en los estudios científicos de estados físicos naturales complejos.

AZAR EPISTEMOLÓGICO Y AZAR ONTOLÓGICO

Azar epistemológico

Tenemos entonces que de acuerdo con la concepción física tradicional los acontecimientos naturales son gestados por causas condicionadas por las fuerzas fundamentales de la naturaleza. Esta concepción de la dinámica de la naturaleza cubre todos los sucesos físicos, pero se enfrenta el problema que no siempre es posible medir y determinar las condiciones iniciales de los estados físicos compuestos, ni seguir el desarrollo interactivo no lineal de sus innumerables componentes, particularmente los sistemas con elementos microscópicos; por consiguiente, el curso de estos estados resulta entonces, 'impredecible', 'azaroso'. Nótese que 'determinismo' de los componentes de un estado físico, y lo "impredecible" de su curso, no son términos equivalentes; lo predecible depende del conocimiento vigente del funcionamiento de los componentes del sistema. Pero esta impredecibilidad no solo se hace efectiva en los estados físicos con elementos múltiples microscópicos, sino que en todo estado físico natural, puesto que en la naturaleza todo está conectado y sujeto a numerosas interacciones, de modo que siempre tenemos en los fenómenos observados, o en los experimentos que se realicen en ella, una resultante de la intervención del contexto de acciones que inciden en el fenómeno considerado. En rigor se puede decir que no es posible lograr controlar y medir todos los factores envueltos en la dinámica de un fenómeno natural compuesto, solo es posible, y siempre aproximadamente, en un laboratorio especializado y en condiciones altamente controladas —y con pocos elementos componentes—. Se puede afirmar entonces, que la 'precisión' se logra fundamentalmente en la mente del ser humano, en forma de teorías con nítida armazón matemática, que en última instancia constituyen solo 'aproximaciones' o 'modelos' –construcciones conceptuales--, con las que se intenta coger y manejar lo que sucede en la naturaleza.

En los casos de estados físicos de componentes muy numerosos y microscópicos, la ciencia renuncia a mediciones directas de los elementos individuales, lo que es técnica y prácticamente imposible de realizar, y recurre a la teoría de las probabilidades, utilizando los conocimientos o hipótesis que se tengan del comportamiento individual de los componentes, para calcular probabilísticamente la conducta del conjunto; este procedimiento se utiliza en la mecánica de gases y líquidos. También se puede recurrir a mediciones externas del sistema, para manejar y estudiar su comportamiento en su totalidad. Las técnicas probabilísticas manejan un estado de 'carencia de conocimiento' para aportar 'aproximaciones' muy beneficiosas que permiten el entendimiento y manejo de estos sistemas. Esta condición de privación gnoseológica no constituye un estado de azar natural, puesto que la concepción física de todos los componentes de los sistemas de estas investigaciones, tienen un comportamiento causal dependiente de las fuerzas físicas elementales. Los resultados probabilísticos que se puedan realizar en estos estados o sistemas, no reflejan la existencia de un azar natural en la conducta de los componentes, sino que manejan un estado de ignorancia, de "indeterminación" práctica de un conjunto de elementos de comportamiento individual determinista; en estos casos, en que se enfrenta lo impredecible en el curso del sistema, se habla de Azar epistemológico.

El cálculo de probabilidades es un procedimiento matemático usado frecuentemente para manejar situaciones de azar epistemológico, que impera en el estudio de los sistemas físicos naturales. El uso del cálculo de probabilidades es tan frecuente y familiar, que la probabilidad –la 'chance probabilística'--, se suele identificar como 'el azar' objetivo prevalente en la naturaleza; lo que de acuerdo a nuestro análisis, no es correcto. En la naturaleza nada ocurre sin una causa física que lo explique, las probabilidades solo nos permiten estudiar el conjunto de numerosos componentes que siguen causas determinantes, pero prácticamente imposibles de medir y estudiar individualmente. Este azar probabilístico no es más que un azar epistemológico; el azar natural no existe si nos atenemos a las concepciones físicas de la dinámica de la naturaleza, por lo que sostener, o imaginar, que la aplicación de la teoría de las probabilidades calcula y estudia el azar natural, es un sin sentido conceptual. En esta situación se hace una equivalencia claramente errada, de una técnica matemática abstracta, con un estado natural concreto, que es considerado, de acuerdo al entendimiento físico de la naturaleza, como sujeto a las fuerzas elementales que rigen su comportamiento.

A partir de esta equivalencia –azar (natural) y probabilidades-- se realizan cálculos y se exploran consecuencias matemáticas, que sin duda tienen utilidad en los análisis científicos, y en aplicaciones prácticas, pero que no deben confundir los conceptos básicos: no se trata de un coger un azar natural con una técnica matemática de cálculo de probabilidades, sino que de la aplicación de una técnica matemática, para estudiar un azar epistemológico concreto. Hacer esta equivalencia mencionada, puede conducir a equívocos, convirtiendo el azar probabilístico en una noción abstracta y genérica, de carácter matemático, 'validado', y aplicable a los estudios de sistemas naturales como una condición propia de las cosas.

Un caso muy frecuente usado para ilustrar el azar probabilístico es el ejemplo de una moneda 'al aire', El lanzamiento de una moneda al aire es dependiente de una voluntad y poder muscular humano, su caída está condicionada al impulso inicial, al peso de la moneda, a la densidad del aire y sus corrientes, a la superficie en que cae, etc. En modo alguno es posible calcular el valor de todas las variables que condicionan su caída y reposo final, pero es claro que están condicionadas por muchos factores. Naturalmente, también es evidente que no se puede predecir cuál será su resultado, no se conocen los valores de las variables en juego, de modo que se aplica la teoría de las probabilidades para realizar el cálculo de los posibles resultados en la caída de la moneda; y de partida se establece que hay dos posibilidades: cara o cruz – ½ / ½, o 50%, eliminándose una tercera posibilidad, caer y permanecer reposando sobre su borde; esta decisión está basada en la experiencia, esta sería una conclusión extremadamente inusual, y es muy razonable eliminarla como una posibilidad significativa de resultado; también se eliminan otros factores envueltos, por considerarse de escaso valor, o similares para todas las tiradas de la moneda. Lo importante en esta disquisición, es señalar que este lanzamiento de moneda es un proceso natural con múltiples factores deterministas envueltos, imposibles de medir, técnica y prácticamente, que condicionan un curso que resulta no predecible para el ser humano, pero que, sin embargo es determinista en su dinámica natural de acuerdo a las concepciones físicas de la naturaleza. Es interesante señalar que si este proceso no fuera determinado, su curso sería absolutamente indeterminado e imposible de predecir, ni aun aproximadamente con el uso del cálculo de probabilidades; porque la aplicación de esta técnica matemática requiere de información y antecedentes del comportamiento y características del sistema, y de su presentación en diversas tiradas de la moneda; incluso consulta lo que se piensa o se cree que ocurre en los sucesos que se quieren calcular. Sin contar con este conocimiento –que refleja de algún modo el determinismo del complejo proceso--, no es posible lograr un cálculo de probabilidades adecuado. Pero no es el propósito de este trabajo presentar los pormenores conceptuales de la teoría de las probabilidades, sus aplicaciones prácticas y sus teóricas, sus posibilidades, y sus limitaciones; solo me interesa precisar algunos conceptos fundamentales para distinguir adecuadamente las nociones de azar, y subrayar que la aplicación del cálculo de probabilidades en modo alguno considera todas las variables envueltas, y que no funciona si no se tiene una información previa del sistema. De manera que las probabilidades en el lanzamiento de monedas, no es reflejo de un azar natural, sino una expresión matemática del azar epistemológico de esta situación. Apunto además en relación a este tema, que el término estocástico, que se encuentra frecuentemente en la literatura, se refiere a los resultados de un proceso en el curso del tiempo, de lo que se considera intrínsecamente indeterminado e impredecible; y susceptible de ser manejado con la Teoría de las probabilidades. Como el determinismo es lo que corresponde a los sucesos naturales, lo estocástico más bien tiene sentido en los casos de Azar epistemológico, y particularmente en los estudios probabilísticos matemático/informáticos realizados por los seres humanos en los procesos y resultados considerados azarosos.

Azar ontológico.

Si nuestra concepción de todo suceso en nuestro mundo tiene un antecedente causal y es parte de una dinámica contextual de causas, el azar concebido como un acaecer sin ataduras, no es un fenómeno natural, simplemente no se da en la naturaleza, incluyendo el actuar humano. En algunos círculos intelectuales se habla de 'azar ontológico' para referirse al azar que se presentaría en el 'ser', en la 'realidad' misma del mundo. Este azar ontológico suele identificarse con la concepción física de la realidad, lo que implicaría una 'objetividad realista' del conocimiento científico; esta postura es claramente una posición de carácter filosófico, que no es fácil de defender, considerando la mutabilidad constante de las teorías científicas con una fuerte carga de supuestos teóricos y metodológicos de distintos tipos. A lo más se puede defender en ciencia, un realismo incompleto e ingenuo, parcial e imperfecto del conocimiento científico, que resulta útil para la empresa científica, y estimula el afán de investigar. En esta vena filosófica, es importante enfatizar lo obvio, el azar no es un 'ente' con poderes causales; y, si se postulara un azar no condicionado en la realidad del mundo, se trataría de un suceder de acciones no determinadas por causas que les otorguen su razón y especificidad; en otras palabras, una tesis de este carácter, nos presentaría un mundo ininteligible e irracional, ajeno a todo entendimiento humano.

Hasta aquí nos hemos concentrado en una perspectiva del azar desde la génesis de los fenómenos que se consideran fortuitos. Este análisis lleva a la conclusión que el azar natural, simplemente no existe; el azar obviamente no es un objeto físico con poder causal, ni siquiera es una posibilidad en la naturaleza que está constituida por objetos naturales con claros poderes causales y reacciones a estas causas, que condicionan efectos determinados. Como hemos visto, las únicas conductas impredecibles —azarosas—en la naturaleza, corresponden a lo denominado azar epistemológico.

En el próximo capítulo exploraremos otra perspectiva del concepto de azar: las mezclas aleatorias de elementos.

DESORDEN ALEATORIO Y GENERACIÓN DE ALEATORIEDAD

Desorden aleatorio.

El estudio y uso del concepto de azar ha cobrado gran vigencia en nuestro tiempo, particularmente por el desarrollo de la cibernética, y también –indirectamente--, por el advenimiento de la tesis del Diseño Inteligente que reconoce que algunas estructuras naturales, particularmente las biológicas, presentan una configuración teleológica, cuya organización funcional, y etiología, es mejor explicada como producto de una acción inteligente. (Ruiz, F. 2017) La física mecanicista no posee los recursos para explicar la configuración de estas estructuras con los simples efectos de las cuatro fuerzas naturales que poseen una dirección que se agota en efectos inmediatos (+) o (-), sin otra meta o capacidad organizativa. Frente a este problema el Neo-darwinismo, y otros evolucionismos 'mecanicistas', echan mano al azar como un factor que fortuita y graciosamente, suplementa esta incapacidad de la ciencia tradicional, para generar estructuras complejas de tipo teleológico, fundamentales para la aparición y despliegue de la vida. Esta situación ha impulsado muchos estudios acerca del azar, y la elaboración de modelos computacionales para probar la verosimilitud de la colaboración del azar al mero mecanicismo científico; pero estos modelos computacionales, son lo que son,...'computacionales'; sus procesos siguen lo que se les ordena, y 'encuentran', así mismo, lo que se les manda encontrar, inadvertida o subrepticiamente.

18 DEL AZAR Y DE LA CAUSALIDAD FÍSICA EN LAS TRANSFORMACIONES DEL MUNDO

En el Post anterior vimos que el azar natural considerado como ocurrencia de sucesos sin dirección causal o condicionamiento alguno, no es posible en un mundo visto desde la perspectiva de la ciencia. Esta visión del azar implica que los posibles resultados de este azar, serían totalmente incondicionados, y al no ser dirigidos, se estima que no es posible que exhiban patrón ni diseño alguno reconocible: son aleatorios. De esta consideración se entiende que otra perspectiva para perfilar el concepto de azar se centre, no ya en el origen de los sucesos considerados fortuitos, sino que del orden que presenten, estimando el desorden como producto del azar. Estas dos perspectivas del concepto de azar están relacionadas, sin embargo, técnicamente se puede utilizar un vocablo diferente para referirse y estudiar el grado de orden de sucesos y de cadenas de números o símbolos: aleatoriedad; y se habla de aleatorio –en términos generales--, cuando no encontramos ningún ordenamiento o patrón en estos datos. Pero en la práctica, se suelen emplear ambos vocablos –azar/aleatorio--, en forma equivalente, un uso que se ve, incluso en la literatura científica. Como hemos repetido, el azar como ocurrencia de sucesos no condicionados no se da en la naturaleza, de manera que en rigor, los sucesos aleatorios verdaderos no se encuentran en ella como producto de un azar natural, ni tampoco en la conducta de los seres humanos; de modo que si encontramos sucesos naturales que aparecen sin un orden evidente –desordenados--, no se puede en rigor hablar de aleatoriedad verdadera, sino que más bien de pseudoaleatoriedad. En los estudios matemáticos y computacionales, se investigan incansablemente los problemas que plantea esta noción de aleatorio en esos campos. En muchos de estos trabajos se recalca que una característica epistémica importante de una serie aleatoria es que no se puede predecir con certeza su ocurrencia, y que en un proceso aleatorio tampoco se puede predecir lo que sucederá. Naturalmente esta predicción tiene que efectuarse con un estudio adecuado del objeto que se estudia --no puede ser solo una impresión--, y tiene que estar complementada con un fundamento matemático adecuado.

Generación de series de números/símbolos aleatorios.

Se considera que un número (o símbolo) es aleatorio si se extrae de un conjunto de números con igual probabilidad de ser elegido (en forma ciega), esto significa: con distribución uniforme; y en caso de una secuencia de estos números, cada uno de ellos debe ser estadísticamente independiente de los otros. Pero no resulta fácil generar estos números en un computador, puesto que estos instrumentos siguen estrictamente órdenes algorítmicas y listas de números; esto significa que son predecibles y también reproducibles (si se conocen los primeros números de una secuencia), y son periódicos (eventualmente se repiten); en otras palabras, solo tienen 'apariencia' de aleatorios. Para generar números aleatorios más genuinos con un computador, sin los problemas mencionados, se usa, un dado, u otro fenómeno físico similar que se pueda conectar fácilmente a un sistema computacional, y que provea una variación no programada, como: material radioactivo que decae en forma impredecible, 'ruidos' –interferencias atmosféricas--, en las ondas de radio que ocurren irregularmente, procesos biológicos, etc.

Sin embargo, como ya hemos repetido, los fenómenos físicos son considerados deterministas y por tanto no generarían en rigor verdadera aleatoriedad; un dado cae sin seguir un programa diseñado como los algoritmos computacionales, pero su curso está determinado por las leyes de la física –no es al azar--, y como cada tirada comienza con condiciones físicas iniciales distintas, no siempre cae la misma cara del dado; los números son variados, porque son agregados por los seres humanos a los lados del dado, sin interferir –óptimamente--, con las leyes de físicas que guían su comportamiento. Estos números forman al caer una secuencia desordenada de números, porque las condiciones físicas determinantes son distintas en cada tirada; cada número resulta entonces, impredecible; esta es la manera como los casinos ganan su dinero en la ruleta. Estos números logrados con dados son considerados más genuinamente aleatorios, y son naturalmente más difíciles de generar, son irrepetibles y no muestran periodicidad, aunque en rigor, como hemos señalado, no son generados por azar natural, puesto que en la base de su producción se encuentran fenómenos físicos determinantes usados para generar los resultados; no se trataría de un azar no condicionado, sino más bien de una producción manipulada de acontecimientos físicos, para generar con su ayuda, números inconexos. Se trata básicamente de un fenómeno artificial, generado por la creatividad humana con un fin específico: producir números 'aleatorios', esto es, números/sucesos/símbolos, de curso impredecible. En esta producción de datos que realizan los seres humanos –monedas al aire, dados, algoritmos computacionales, etc.--, queda claro que la aleatoriedad no puede identificarse con 'indeterminismo' en su producción, puesto que se echa mano a procesos deterministas para generarlos; ni tampoco se debe atribuir lo 'impredecible' a lo indeterminado, puesto que el curso de monedas al aire da resultados –cara-cruz--, que no se pueden anticipar, pero son determinados por las leyes físicas. La impresión que proyectan estos números aleatorios, supuestamente resultados del azar, es que no son más que un producto del uso de lo 'indeterminado' por desconocimiento de lo determinado físicamente, con agregados de manufactura humana para generar series de datos desconectados. El lanzamiento de una moneda, al igual que los dados, sigue las leyes físicas correspondientes, el cara o sello es un fenómeno totalmente determinado, nosotros sin embargo hablamos de azar, porque no conocemos todas las variables físicas que intervienen en este proceso, ni tampoco podemos medir estas influencias físicas determinantes, se trata básicamente de un azar epistemológico. Algunos autores piensan que este tipo de aleatoriedad es realmente verdadera, pero según Dembski, W. (2014; C. 16, pp 141), los procesos deterministas subyacentes en estos procedimientos (monedas al aire, dados) terminan por mostrar un patrón, eliminando la ilusión de una serie aleatoria verdadera; un verdadero azar en la naturaleza, sostiene este autor en una incursión metafísica, tendría que ser producto de una inteligencia libre y soberana; una inteligencia que no estaría sujeta a satisfacer ninguna distribución probabilística subyacente, que sería dependiente de la causalidad material. Aunque habría que comentar que esa 'inteligencia libre y soberana', elige hacer lo que hace; y eso es causalidad, no azar incondicionado a-causal.

Se puede afirmar entonces que la producción de un desorden realmente aleatorio (aleatorio vera) –producto del azar natural (no existente en el mundo)--, no es posible. Sin embargo, el tipo de azar generado artificialmente por el ser humano –dados, ruletas, monedas al aire, etc.--, es objeto de extensos estudios matemáticos que siguen los cálculos de probabilidades, este es un campo rico en diversos y complejos acercamientos, a lo que en estos estudios se denomina azar y aleatorio, con diversas teorías y propuestas para entender y manejar estas situaciones; pero este no es tema de este trabajo (Eagle, A. 2010-12) En todo caso, estos números aleatorios 'más depurados' generados en computación (con dados, y otros procedimientos similares) , son por tanto, más seguros, impredecibles y confiables en sus usos. Los números aleatorios son importantes en criptografía, para simulación y estudio de fenómenos complejos, para realizar muestreos finos y fidedignos (por ej. para terapias médicas), juegos de azar, etc. (Haahr, M)

En el próximo apartado continuaremos con otros aspectos de los problemas que plantea la aleatoriedad.

Bibliografía:

1. Dembski, William A. (2014). Being as Communion. Ashgate Science And Religion Series.
2. Eagle, Anthony (2010-12). Chance versus Randomness. Stanford Encyclopedia of Philosophy: https://plato.stanford.edu/entries/chance-randomness/
3. Haahr, Mads. Introduction to Randomness and Random Numbers. Random org. https://www.random.org/randomness/
4. Ruiz, Rey Fernando (Enero, 2017). La Ciencia y la Teoría del Diseño Inteligente. OIACDI. También en OIACDI: http://www.darwinodi.com/product/la-ciencia-la-teoria-del-diseno-inteligente/

DIAGNÓSTICO DE ALEATORIEDAD, ALEATORIEDAD EN G. CHAITIN, ALEATORIEDAD Y COMPLEJIDAD.

Diagnóstico de una serie de números 'aleatorios'.

Frente a un símbolo/número, o una serie de ellos, no resulta fácil decidir si son aleatorios; si realmente se han generado en forma impredecible con distribución uniforme, o si presentan alguna conexión entre ellos. El solo examen perceptual, e incluso el conocimiento del procedimiento usado para elegir el número/símbolo, o para elaborar una serie de ellos, puede ser insuficiente, e inducir a error. El problema del diagnóstico de lo aleatorio parece deberse --al menos como un factor importante--, a las condiciones físicas que rigen el mundo natural, esto es el determinismo físico, que reduce las posibilidades diagnósticas, y que de acuerdo a la perspectiva de nuestro trabajo, en rigor elimina la fuente de la aleatoriedad vera: el azar natural. En estas condiciones, lo aleatorio ya no puede definirse nítidamente como el producto del azar natural, y como consecuencia necesita de definición y caracterización, lo que se intenta con diversas dificultades, desde el abstracto terreno de las matemáticas. En este sentido hay que decir que este tema parece no estar claramente resuelto. Así tenemos que para afinar el diagnóstico de aleatoriedad de cadenas digitales finitas e infinitas de números/símbolos se han propuesto distintos métodos matemáticos, el más conocido ha sido decantado por Kolmogorov (1903-1987), Chaitin (n.1947) and Solomonov (n. 1978), y en él, la aleatoriedad está definida mediante el uso de la complejidad algorítmica o informacional de la secuencia. Para comprender lo que significa esta afirmación, seguiré las explicaciones del matemático Gregory Chaitin, naturalmente no entro en los tecnicismos matemáticos que generan y sostienen el uso del algoritmo informacional; esta materia excede con creces el alcance y el propósito de esta revisión.

Aleatoriedad en Gregory Chaitin.

Chaitin se basa en este algoritmo de información, o complejidad algorítmica, para presentar su tesis sobre las series aleatorias. Primeramente es importante señalar que este autor trabaja las series de números considerados aleatorios en forma informática, de modo que cada número implica información --información binaria--, y una serie de estos números constituye entonces, un conjunto de información: un programa.

Chaitin considera que las ciencias y las matemáticas comparten una metodología similar, así, escribe: "Una teoría científica es como un programa computacional que predice nuestras observaciones del universo. Una teoría física útil es una compresión de datos y relaciones; con un número reducido de leyes y ecuaciones; pero se pueden computarizar universos enteros de datos." Si una teoría en ciencia –física, por ejemplo--, cesa de ser explicativa de los datos estudiados, se cambia y se elabora una nueva teoría. En una forma similar, los expertos en matemáticas "comprimen" sus experimentos computacionales en axiomas matemáticos, y luego muestran como deducir teoremas de ellos. De manera que si --en términos matemáticos--, nos encontramos una serie de números aleatorios imposible de 'comprimir' –explicar/generar con un programa condensado: algoritmo informacional--, indica que se trata de una serie aleatoria, y también implica, que no todo se puede explicar –probar-- en matemática; y en estos casos --recomienda el autor-, hay que recurrir a nuevos axiomas. En palabras de Chaitin: "En cierto modo, decir que algo es irreducible [que no se puede 'comprimir'], es renunciar, diciendo que nunca se puede probar", con los axiomas disponibles; hay que generar nuevos axiomas para este efecto.

Un algoritmo de información es entonces un programa computacional que cuando se usa, genera todos los números/símbolos de la secuencia que comprime, dando una definición formal y rigurosa de la cuerda de datos. Se considera que si existe este programa, la secuencia estudiada solo tiene apariencia de aleatoria, es pseudoaleatoria o parcialmente aleatoria, y si no es posible encontrar un algoritmo de información, la serie es considerada logarítmicamente aleatoria. Este algoritmo es un programa que puede ser escrito en distintos lenguajes computacionales – lo que genera pequeñas variaciones en su longitud--, elaborado para explicar la serie de números o símbolos que se estudian. En palabras de Sporns O. (2007): "El contenido de la información logarítmica fue definido por Kolgomorov (1965) y Chaitin (1977), como la cantidad de información contenida en una secuencia de símbolos, dada por el largo del programa computacional que genera la secuencia." La información contenida en este algoritmo es entonces mayor, en cuanto más largo sea su extensión en bits --cadenas de 0 y 1. Un algoritmo que describe y genera una serie de números como 1,2,3,4,5,6,…infinito, es corto, no se requiere un programa muy sofisticado para lograr esta meta; tampoco es largo el algoritmo de información para generar, pi: 3.14159… Una serie de números que no se puede "comprimir" –explicar/generar--, con un algoritmo de información, es una serie incompresible, irreducible, y se considera que se trata una serie algorítmicamente aleatoria. Sin embargo no hay un algoritmo que aplicado a una serie no compresible – irreducible--, nos informe si esta serie es o no, potencialmente compresible; de manera que siempre existe la posibilidad de que se pueda encontrar un programa –algoritmo de información--, que la explique; en otras palabras, la aleatoriedad logarítmica –absoluta--, no se podría demostrar, y tampoco descartar. Es interesante notar que la definición de aleatorio usando, el logaritmo de información, se realiza en relación al origen matemático/informático del desorden de la secuencia estudiada; si no es posible explicar la génesis matemática de la serie con el logaritmo se trata de una serie aleatoria. En otras palabras, lo aleatorio es el desorden de una cuerda de números/símbolos al que no se puede encontrar un programa informático que lo explique; lo aleatorio es entonces lo que no se puede explicar matemáticamente. Este razonamiento se mueve en el nivel matemático/informacional, y curiosamente deja de lado el hecho que esa serie aleatoria que no se puede explicar con el logaritmo, fue generada en un computador, tiene un origen que la explica: creatividad y manipulación humana.

La teoría del algoritmo informativo es importante en la relación de computación e información, en el fundamento de la estadística y de la inferencia científica y, como la mayoría de los objetos matemáticos, puede describirse en secuencias –cuerdas- de datos; esta teoría tiene gran aplicación en ciencia, particularmente en física.

Estos estudios matemáticos son técnicamente muy complejos, y naturalmente no son objeto de este trabajo. No obstante, es interesante mencionar que las interesantes consecuencias que deriva Chaitin de estas investigaciones, apuntan a lo incompleto de las matemáticas: no sería posible probar numerosísimos hechos matemáticos, desde los axiomas disponibles, estos son básicamente irreducibles a ningún axioma establecido; estos hechos serían las series de números aleatorios no compresibles, irreducibles. Frente a esta situación se necesita generar nuevos axiomas, --en un proceso similar a la metodología que sigue la ciencia física--; Chaitin explica esta necesidad de generar nuevos axiomas así: "Porque no hay absolutamente ninguna estructura o patrón [en estas series aleatorias incompresibles]. Esencialmente el único modo de probarlos es asumirlos directamente, lo que son, no usar razonamiento alguno." Esta situación matemática extrema coincide con los conocidos estudios de Kurt Gödel de la primera mitad del siglo XX, en los que demuestra lo incompleto de los fundamentos matemáticos: afirmaciones matemáticas que no pueden ser demostradas verdaderas o falsas, siguiendo la lógica matemática, desde un núcleo central y fundamental de axiomas establecidos; este núcleo central y fundamental de la aritmética elemental es simplemente incompleto. En estas situaciones extremas, nos comenta Chaitin: "…el razonamiento es totalmente impotente y totalmente irrelevante."

Pero naturalmente estas sorprendentes consideraciones matemáticas, y sus consecuencias para la firmeza del conocimiento de la 'realidad', escapan al propósito de este artículo, que solo intenta presentar un superficial bosquejo del problema que plantea la aleatoriedad. Sin embargo, es interesante notar que de acuerdo a Chaitin, es posible generar auténticas series de números aleatorios en computación, lo que es comprensible, porque la aleatoriedad es definida matemáticamente; no es necesario asumir una fuente generadora de azar natural que los explique, caracterice y justifique como completamente libres de patrones y propósitos. Creo que es también oportuno señalar nuevamente que estos números tildados de aleatorios, son generados en un computador por Chaitin, u otros seres humanos, con una finalidad clara: producir una serie de números desordenados, aparentemente inconexos, 'aleatorios'; y se han producido técnicamente, utilizando los conocimientos científicos correspondientes para concretizar –y comunicar--, símbolos que tienen solo sentido en la mente humana (número idea/concepto inmaterial, y numeral). Parece claro entonces, que buscar un algoritmo informativo para encontrar una explicación matemática/programa computacional de una serie, es un estudio matemático/computacional que se realiza en una cadena de números ya dados, que se han informatizado, y cuyo incontestable origen, es una acción humana echando mano a aparatos técnicos y software especialmente diseñada para este efecto, lograr números desordenados con ciertas características: no reducibles. Estos números no son en modo alguno aleatorios vera, si entendemos por ello, un desorden proveniente del azar natural, esto es, incondicionado por causas determinantes ni propósito alguno. Además, resulta interesante cómo en estas investigaciones, estas series de números –numerales--, se llenan de significado informático; de información de Shannon (Ruiz, Enero del 2016; C:II), lo que abre un campo de diversas interpretaciones y de aplicaciones. Estas investigaciones de Chaitin son una manera fructífera de abordar el estudio del 'desorden aleatorio', con una serie de interesantes ramificaciones y consecuencias teóricas, pero que también ofrecen otra herramienta matemática –algoritmo de información--, para enfrentar y manejar el desorden aleatorio parcial --no vera--, que aparece en el complejo mundo determinista de la física clásica (azar epistemológico).

Aleatoriedad y complejidad.

Es importante tener presente que el concepto de aleatorio y el de complejidad no son necesariamente equivalentes; desgraciadamente tampoco es fácil definir lo que se significa con complejidad, frecuentemente esta se conceptualiza en dos formas, una centrándose en la descripción de los elementos que componen una serie compleja, y se mide el grado de complejidad, determinando el contenido de información algorítmica (logaritmo de información) que posea: largo de esta cadena. Los procesos aleatorios que resisten la compresión, son considerados naturalmente, más complejos. En esta definición, complejidad y aleatoriedad están muy relacionados. Este tipo de complejidad también se puede medir por la 'profundidad lógica' de la secuencia de símbolos que la componen; esto se refiere a la cantidad de recursos computacionales: tiempo, memoria, que requiere el programa computacional más corto -- logaritmo de información--, para explicar la secuencia estudiada; entre más tiempo y memoria necesite este programa, mayor es la complejidad de la secuencia.

El otro modo de conceptualizar la complejidad se centra en la estructuración del sistema o proceso complejo (complejidad estadística, complejidad física y complejidad biológica), y no tiene relación con lo aleatorio; en estos casos, los sistemas con máxima complejidad se encuentran en un punto intermedio entre los más altamente ordenados (regulares) y los altamente desordenados. Sporns O. (2007) enfatiza que es generalmente aceptado que: "no existe actualmente una expresión cuantitativa que relacione la complejidad con el desorden."

De manera que tanto el azar natural y lo aleatorio auténtico –vera--, como fenómenos absolutamente incondicionados, no son fenómenos que se encuentren en el mundo entendido en forma determinista como el presentado por la física tradicional, y concorde con el entendimiento de las acciones humanas, también determinadas, por su voluntad. Desde esta perspectiva, los procesos y ordenamientos desordenados, son solo de apariencia aleatoria, puesto que todo fenómeno es producto de una causa, y toda causa tiene un sentido propio; y en los productos generados por los seres humanos, estos tienen una meta, un propósito. Las complejas investigaciones matemáticas e informáticas de estos procesos y ordenamientos azarosos y las definiciones y pruebas ideadas para precisar la presencia del 'azar' y de lo 'aleatorio', son sin lugar a dudas de gran interés teórico, y también de valor práctico para asistir a la ciencia en el manejo de los fenómenos que estudia. Pero creo que es importante tener presente, que estos ubicuos conceptos deben entenderse en el contexto en que se consideran, pero manteniendo claro como punto de referencia, la concepción de la realidad en que vivimos, que como hemos dicho, está fuertemente fundamentada en las ciencias de la naturaleza, particularmente en la física.

Hasta aquí hemos considerado que la realidad física es determinista, regida por las fuerzas elementales de la naturaleza, y las leyes que condiciona. Se objetará que los seres humanos somos parte de la realidad y somos criaturas con libre albedrío; no somos seres sujetos a implacables leyes determinantes, aunque suframos los efectos de variados condicionamientos y limitaciones a nuestra libre voluntad. Que la conducta de los seres humanos no esté determinada por leyes estrictas deterministas, no significa que seamos seres que actuamos al azar, somos personas con una vida organizada y con sentido, y nuestras acciones no generan una estela de efectos inconexos, desconectados, 'aleatorios'. El determinismo físico no es compatible con la libertad humana, ni con muchas características de su humanidad; la ciencia como está concebida, encuentra un límite infranqueable frente a los misterios de la vida, la conciencia y el entendimiento.

En el próximo apartado nos detendremos un momento en el problema del determinismo.

Bibliografía:

1. Chaitin, Gregory (March, 2006). The Limits of Reason. En: Scientific American.
   https://www.google.com/?trackid=sp-006#q=gregory+chaitin+pdf

2. Ruiz Rey Fernando (16 de Enero, 2016) Reflexiones sobre las vicisitudes de la Información. OIACDI. También en: http://www.darwinodi.com/gratis/pdfs/978-0692623695.pdf

3. Sporns, Olaf (2007). Complexity. En: Scholarpedia 2(10):1623. http://www.scholarpedia.org/article/Complexity

DETERMINISMO CAUSAL

Determinismo.

En los artículos anteriores he subrayado que el azar y el desorden aleatorio verdadero, esto es, como sucesos incondicionados que se generan sin obstáculos, ni metas, ni propósitos, simplemente no se dan en el mundo natural, incluyendo las acciones humanas. Todo acaecer natural está condicionado por causas, y naturalmente por las potencias de reacción correspondientes de los objetos naturales, Esta situación de causalidad es también válida para el actuar humano: las acciones humanas son generadas fundamentalmente por la voluntad de una persona, que se mueve en el espacio del libre albedrío, y si ocurren actos que parecen desconectados, estos encuentran explicación causal de carácter psicológico semiconsciente, o neurológico (los seres humanos son una unidad psicosomática indisoluble). Esta situación de la realidad causal en los acontecimientos nos parece tan evidente y necesaria para comprender los fenómenos del mundo, y a nosotros mismos, que algunos pensadores de la corriente racionalista asimilaron la necesidad causal con la necesidad lógica. En todo caso, pensar las cosas sin causa que las expliquen, tanto su existencia como sus acciones, es irracional.

El encadenamiento por la necesidad causal de los sucesos del mundo, nos enfrenta con el determinismo, todo ocurre siguiendo un curso determinado por la naturaleza de las causas envueltas, que en física son derivadas de las cuatro fuerzas elementales: fuerza gravitacional, fuerza electromagnética y fuerzas nucleares mayor y menor. Aclaro que esta manera de concebir el determinismo físico, no es equivalente a la concepción del conocido Determinismo mecánico de Isaac Newton y

Pierre-Simon Laplace, que parte de las leyes mecánicas para determinar el curso de la evolución de los sucesos, conociendo las condiciones iniciales del sistema; este determinismo está basado en las leyes naturales, con sus posibilidades y limitaciones que veremos en otro capítulo. En cambio, la perspectiva determinista de la física que adopto en este trabajo, es más primaria y teórica que las leyes mecánicas, apuntando a que todo movimiento y transformación material, obedece a una causa: las fuerzas fundamentales de la naturaleza; sin esta causa no hay leyes, ni ciencia posible. Este determinismo no es equivalente a lo predecible que sean los procesos físicos particulares, para este efecto se necesitaría conocer cómo se implementan los efectos de estas fuerzas en la dinámica de los cambios y transformaciones de la naturaleza, y ese conocimiento en ciencia, es fragmentario. Por esta razón tenemos un indeterminismo práctico, epistemológico, por conocimiento limitado de los procesos envueltos: conocimientos insuficientes--, en nuestro contacto científico con la naturaleza. Se habla corrientemente que el Determinismo en física se ha probado falso por dos grandes desarrollos de la ciencia, la Teoría del caos y la Física cuántica; pero como veremos más adelante, estas teorías presentan sin duda, procesos físicos no predecibles, pero naturalmente no muestran independencia de las fuerzas fundamentales que causan los movimientos y transformaciones de todo lo material.

Hay que tener claro que este proceso causal determinado por las fuerzas fundamentales, no sigue un curso lineal, sino que se trata de un proceso abierto a innumerables efectos físicos contextuales, todos derivados de esas fuerzas; se puede decir que la causa de una acción determinada en la naturaleza, es una resultante que incluye las causas contextuales. De esta manera, nos encontramos que en este mundo determinista no existe la contingencia, en el sentido de que no hay posibles opciones al actuar de este proceso causal, todo sigue un curso determinado por las interacciones causales. Hablar de posibles alternativas de acción en el seno de los objetos naturales inanimados regidos por las causas naturales, es un sin sentido, puesto que estas operaciones son automáticas y regidas estrictamente por las fuerzas naturales; aquí no hay consideraciones de posibles beneficios, ni de lógica alguna; básicamente no existe la posibilidad de elegir. Pero la contingencia, se encuentra en este mundo, primariamente en los seres humanos que poseen inteligencia y capacidad de reflexión para ponderar y dirigir el curso de sus acciones, gracias al libre albedrío. Es aún posible argumentar que esta capacidad de 'elegir' dentro de posibilidades de acción se encuentra no solo en los seres humanos y mamíferos superiores, sino que es propia de todos los seres vivos, una capacidad de algún modo engranada –orquestada--, en su diseño orgánico funcional (información biológica); este es un tema interesante, pero ajeno al propósito de este trabajo.

De modo que la asunción del determinismo causal en el mundo inanimado elimina la contingencia en esta esfera de la realidad física. Sin embargo, los seres humanos, dejando de lado la perspectiva de la física clásica y el principio de causalidad necesaria para el conocimiento humano, con frecuencia especulan sobre la contingencia en la dinámica de la naturaleza física; pero esto no es más que una proyección de la experiencia humana de contingencia, porque la dinámica de los cuerpos inanimados obedece a la resultante causal del contexto en que opera. Esto significa que un sistema físico frente a dos cursos físicos posibles, no se va en una de las direcciones por una elección discriminativa, sino que esto es el resultado del balance causal del sistema; se trata de un estado causalmente determinado. Aun pecando de repetición, me parece importante insistir, a nuestra percepción un sistema físico nos puede parecer 'indeterminado' e 'impredecible' –por nuestro desconocimiento de las variables físicas envueltas--, y aplicamos correctamente el cálculo de probabilidades para manejarlo; este es un caso de lo que ya hemos hablado anteriormente: azar epistemológico. Pero el sistema físico es determinado, puesto que está gobernado por las fuerzas fundamentales. Se podría decir entonces, que la capacidad de predecir que otorga el determinismo natural presentado por la física clásica es fundamentalmente teórico y, tal vez experimental en condiciones muy esmeradas, ya que en la práctica --en vivo--, el contexto causal de los sucesos naturales es múltiple, complejo, y pobremente conocido en la mayoría de los casos, lo que significa que a este nivel y circunstancias, tenemos fundamentalmente lo 'impredecible' y lo aparentemente 'indeterminado', por ignorancia de los innumerables factores causales que condicionan estos acontecimientos.

La ciencia tradicional nos muestra un mundo causal determinista, y he seguido esta ruta para ofrecer el telón de fondo de este trabajo sobre el azar; y lo he hecho, porque azar y aleatorio son nociones que aparecen fundamentalmente en el contexto de las ciencias, particularmente en matemáticas con el cálculo de probabilidades, que se utiliza en muchos niveles científicos, incluyendo naturalmente la física que contribuye fuertemente en la concepción de la naturaleza. Pero, en verdad, no es solo la postura de la física clásica lo que me induce a sostener la causalidad y la reactividad características de los objetos naturales, sino que además, como ya he señalado, sin esta concepción básica de la naturaleza física, sin un principio elemental de causalidad, simplemente no podemos analizar nada, ni entender, ni controlar el mundo que nos rodea.

En esta fuerza y necesidad con que se presenta la causalidad en la dinámica del mundo, se alimenta la postura filosófica del denominado, Determinismo, que básicamente constituye una propuesta metafísica que visualiza el universo en su totalidad como un sistema materialista determinista causal, incluyendo al ser humano con sus peculiares características; todo se reduce a la materia y a su causalidad necesaria (en este sentido, el Determinismo mira hacia la física para encontrar asidero y fundamento). No es este el lugar para analizar las dificultades que presenta esta propuesta reduccionista y universal, pero es conveniente recalcar lo ya mencionado: el ser humano se mueve en su pensar y actuar, en una situación de contingencia, de constante elección dentro de siempre renovadas opciones y alternativas en su desarrollo personal y comunitario. El ser humano goza de libertad en sus decisiones, posee libre albedrío que le permite utilizar su inteligencia para manejar y modificar el mundo en que vive. Reducir esta riqueza de posibilidades y despliegue, a un materialismo mecanicista, es un estrechamiento inaudito de la vida humana que se presenta clara y con patente evidencia en nuestro diario vivir, con flexibilidad y constante creatividad. Son la inteligencia y el entendimiento humano las que hacen posible el desarrollo de la ciencia y del conocimiento; reducir al ser humano exclusivamente a lo 'material', es un reduccionismo ininteligible y anti intuitivo.

De modo que el determinismo que he presentado en ciencia en estos artículos acerca del azar, no implican una adscripción al Determinismo metafísico; por mi parte estoy perfectamente consciente de que la ciencia tradicional ha operado tranquila y eficientemente por largo tiempo con una concepción mecanicista de la dinámica estudiada en los objetos naturales inanimados, pero, en el terreno de los seres vivos, particularmente en los seres humanos, este acercamiento metodológico de la ciencia, ha encontrado crecientes dificultades para dar cuenta de la génesis y funcionamiento de las complejas estructuras biológicas que soportan y hacen posible la vida; ni qué decir del misterio de la vida misma que sostiene la conciencia y el entendimiento del ser humano. El reconocimiento del libre albedrío en el ser humano, como un rasgo primario y si se quiere existencial, no significa que sus acciones y expresiones sean incondicionadas en su génesis —'al azar natural'--, sino que sus causas no se reducen solo a las derivadas de las fuerzas elementales de la naturaleza, sino que primariamente a su voluntad de acción.

En relación a este tema es oportuno mencionar que los estudios de las estructuras biológicas de los seres vivos, muestran claramente que las configuraciones bioquímicas --complejas y específicas en sus funciones--, son indispensables como soporte orgánico funcional para la vida de estos seres; en otras palabras, estas configuraciones, entrañan una información biológica inscrita en sus estructuras teleológicas. La única causa conocida para la génesis de la información semántica y funcional --como la biológica--, es una acción inteligente. (Ruiz R., F. Enero, 2016) El reconocimiento de la causalidad inteligente, modifica el determinismo causal de tipo mecanicista en los seres animados, pero no lo elimina en modo alguno; lo enriquece y lo llena de sentido, puesto que la información biológica se implementa a través de las acciones bioquímicas que operan de manera mecanicista. Esto nos indica que ya no tenemos un determinismo mecanicista exclusivo en las estructuras que soportan la vida, pero podríamos incluso decir, que tenemos un 'determinismo inteligente' que opera con metas funcionales, y de una manera asombrosa. Es importante tener claro que estos determinismos no dan cuenta exhaustiva ni completa de la 'realidad' que cubren, lo que es particularmente notorio para el 'determinismo inteligente', que con toda su maravillosa actividad funcional, solo apunta --sin entregarnos--, el misterio de la vida. Me parece importante enfatizar, que el mecanicismo tradicional de la física –bioquímica--, se integra y modifica con la información biológica que lo enriquece y dirige, y que la información biológica y la acción inteligente que la explica, presentan interesantes y profundos desafíos a la ciencia y a la metafísica tradicional. (Ruiz R, F. Abril, 2017)

Este no es el lugar para entrar en reflexiones ni debates acerca de la situación dual en la que nos coloca la concepción física tradicional de los acontecimientos naturales: determinismo causal ineludible, junto con la más primaria y obvia experiencia de la libertad de decisión –libre albedrío--, que posee el ser humano, fuente de la voluntad humana para generar las acciones y expresiones que lo caracterizan. Dos visiones de la causalidad de las acciones observadas en este mundo, que son incompatibles en sus áreas de vigencia, pero que se complementan para lograr el mejor entendimiento del mundo en que vivimos. Merece destacarse, que la inteligencia y la libertad de la conducta humana, limitan y manejan el determinismo materialista/mecanicista con el que la ciencia física tradicional enfrenta y comprende el mundo inanimado, por lo que es muy importante prevenir que la ciencia caiga en un reduccionismo mecanicista doctrinario de tipo materialista, y así no solo pierda de vista el sostén psicológico que la nutre y la hace posible, sino que además se pervierta como un instrumento ideológico.

Una de las características de las teorías científicas es su maleabilidad, cambian por no ajustarse adecuadamente a nuevas observaciones científicas, o fallan por no favorecer predicciones necesarias. La física moderna pasó por esta situación y sufrió el impacto del advenimiento de la Teoría de la Relatividad al comienzo del siglo XX y luego se hizo presente la Mecánica Cuántica que sacudió las bases del determinismo causal de la física tradicional. En el próximo apartado comenzaremos a revisar el cuestionamiento del determinismo de la física clásica, realizado como consecuencia de los acontecimientos mencionados.

Bibliografía:

1. Ruiz Rey, Fernando (16 de Enero, 2016). Reflexiones sobre las vicisitudes de la Información. OIACDI. También en: http://www.darwinodi.com/gratis/pdfs/978-0692623695.pdf
2. Ruiz Rey, Fernando (17 de Abril, 2017). Desafío de la Tesis del Diseño Inteligente. En OIACDI, Blog: http://www.darwinodi.com/desafio-la-tesis-del-diseno-inteligente/

CUESTIONAMIENTO DEL DETERMINISMO EN LA FÍSICA CLÁSICA Y EN LA FÍSICA RELATIVISTA

Cuestionamiento del determinismo en la Física tradicional o clásica.

Mediante análisis matemáticos se ha intentado demostrar que la mecánica tradicional de corte newtoniana, tiene quiebras que rompen el determinismo desprendido de las leyes de Newton. Pero estos estudios son claramente abstractos y especulativos, y utilizan conceptos difíciles de compaginar con los conceptos de la física tradicional, y también con la mera intuición; pero aún más seriamente, con la posibilidad de demostración empírica (fundamental en toda ciencia). Entre estos conceptos poco científicos encontramos algunos que hablan de infinito número de partículas, de espacio infinito, de velocidad sin límite, de partículas punto (idealización de las partículas físicas, caracterizadas por no poseer extensión: sin dimensiones). En uno de estos análisis se requiere imaginar una cúpula que no genera ni fricción ni roce, con una bola en reposo en el ápice de esta cúspide (una situación totalmente no natural); la bola puede permanecer en reposo, o en cualquier momento rodar espontáneamente en cualquier dirección —supuestamente sin violar ninguna ley de Newton--; se concluye que la bola se ha movido en forma 'indeterminada', sin causa alguna (no se puede predecir en qué dirección rodará la bola). Naturalmente hay algunos filósofos de la ciencia que dudan que este 'arreglado' escenario sea compatible con un sistema newtoniano; por mi parte, dudo que este físico, y otros científicos de la tradición de la física tradicional, aceptaran en la naturaleza, y en sus teorías, la ocurrencia de un movimiento sin causa alguna. (Hoefer, C., 203/2016) Por lo demás, las leyes de Newton son aplicables bajo ciertas condiciones, en otras no, pero esto no significa que los fenómenos en estudio sean indeterminados; si se demostrara que en verdad las leyes de Newton llevan al indeterminismo, entonces se necesitaría apelar a otras ecuaciones o leyes naturales más apropiadas para explicar los fenómenos en cuestión; el punto de fondo es que nada físico es a-causal, todo cambio es dependiente de las cuatro fuerzas fundamentales de la naturaleza.

Las críticas realizadas al determinismo de la Mecánica clásica, son específicas a esta concepción mecánica, que en términos muy generales se puede caracterizar como el estudio de los movimientos resultantes de la aplicación de una fuerza a un objeto; primariamente se trata de la fuerza gravitacional en forma directa o indirecta (colisiones). Newton formuló tres leyes para manejar esta dinámica: ley de la inercia, ley de la relación de fuerza y aceleración y, ley de la acción y reacción. En el presente trabajo uso los términos de 'física clásica o tradicional' en vez de Mecánica clásica, para incluir las teorías relacionadas a los efectos de las cuatro fuerzas elementales de la naturaleza (fuerza de gravedad, fuerza electromagnética, y fuerzas nucleares mayor y menor; estas últimas más propias de la microfísica)) responsables de todo movimiento y cambio de estado de los sistemas físicos, y que condicionan las diversas leyes de la física, propuestas y usadas por los científicos en las diversas teorías elaboradas para estudiar y entender el comportamiento de los objetos naturales. Se puede decir que el período de la 'física clásica tradicional' es 'neo-mecánica', en cuanto estudia las fuerzas elementales y los consecuentes cambios (movimientos) de los diversos estados físicos observados y, muy particularmente, porque la meta de las fuerzas elementales se reduce a simples efectos inmediatos –positivo o negativo--, carentes de ningún otro fin.

De manera que se encuentran algunos autores que piensan que en la Física tradicional (especialmente en la Mecánica clásica), el determinismo puede ser discutible en este cuerpo teórico, sin embargo, la mayoría acepta que en la "macrofísica" –en la que se aplica la 'física clásica tradicional' y sus leyes--, este determinismo está presente; no sucede lo mismo con la "microfísica" que veremos más adelante. La física clásica tradicional da paso a las Teorías de la Relatividad y a la Física cuántica a fines del siglo XIX y comienzos de XX.

Determinismo y principio causal en física.

El determinismo en ciencia es resultado del poder causal de las fuerzas elementales y del potencial de reacción correspondiente de los 'objetos' comprometidos, generando efectos específicos de acuerdo a las fuerzas envueltas en el proceso; esta causalidad cumple con el principio básico de causalidad, que indica que no hay movimiento ni transformación material que sea a-causal. Este es un principio indispensable de la racionalidad humana para el entendimiento y manejo de las cosas del mundo. Sin este principio elemental, la ciencia dependería de otros factores —como el azar--, que está más allá de su control, y es esencialmente irracional; lo que significaría lisa y llanamente, que la ciencia no sería posible. El determinismo es entonces, intrínseco a la concepción física de las propiedades causales de las fuerzas fundamentales, siguiendo el principio mencionado; en esta perspectiva, el determinismo es un supuesto teórico/experimental, constitutivo de los estados físicos, por lo que claramente no es dependiente de la percepción humana en las distintas situaciones de los estados físicos concretos observados, ni de estados físicos generados mentalmente por los científicos, que son frecuentemente la base de la elaboración de las leyes naturales. Ni tampoco, como ya hemos visto, depende de la predicción que podamos hacer frente al posible curso de la dinámica de estados físicos dados. No se trata de un determinismo como posibilidad de predicción que se pueda o no encontrar en un modelo teórico que se desarrolle para estudiar aspectos particulares del comportamiento de estados físicos.

Cuestionamiento del determinismo en la Física relativista.

En lo que se refiere a la Física relativista especial, esta limita la velocidad de la luz, pero la estructura espacio-temporal permanece sin cambios. Estas características no se prestan para los análisis matemáticos críticos, que intentan desbancar el determinismo de la física clásica, por lo que el determinismo continúa en vigencia. Sin embargo, según Hoefer, la situación con la teoría de la Relatividad general (TRG), con los cambios que permite en la estructura del espacio-tiempo, el determinismo puede ser acosado desde diversos modelos matemáticos que son compatibles con la teoría. Estas críticas son naturalmente altamente técnicas y no corresponde su exposición a este trabajo; en todo caso, menciono que el modelo que presenta Hoefer, muestra dos factores de la TRG que presentan una disposición no esperada de acuerdo a los antecedentes que la preceden (indeterminismo), y comenta: "Pero, este nuevo modelo es también un modelo perfectamente válido de la teoría [TRG]. Esto parece como una forma de indeterminismo: Las ecuaciones de la TRG no especifican cómo se distribuirán las cosas en el espacio-tiempo futuro, aun cuando el pasado anterior a un tiempo dado t, es mantenido fijo." Este indeterminismo que entraña la TRG, según algunos críticos, tornaría esta teoría como inaceptable para describir el mundo. (Hoefer, C., 203/2016) Este análisis que se realiza desglosando la estructura espacio-temporal para evaluar el determinismo de la TRG facilita el análisis matemático, pero genera no solo la apertura a considerar el posible indeterminismo de esta teoría, sino que también abre una serie de consecuencias teóricas que la llevan a lo llamado, 'singularidad'; esto es, un estado físico en que las leyes y ecuaciones disponibles dejan de ser efectivas. Este estado de singularidad se supone que se encuentra en el corazón de los hoyos negros, con quiebra clara de todo determinismo físico; sin embargo, se considera que el determinismo reina fuera del 'horizonte' –borde--, de estos enigmáticos hoyos negros, nada impredecible sucede en el exterior, porque este 'horizonte' protege de la contaminación de la singularidad que contienen los hoyos negros. Pero no todas las singularidades en el universo poseen esta barrera protectora, existen las singularidades desnudas que no la tienen, de tal manera que se entra y sale fácilmente de esta zona de singularidad, con el peligro de que un material interno contamine el exterior. Esta potencial posibilidad coloca a la TRG –desde el punto de vista de las matemáticas--, en una posición de debilidad en lo concerniente al determinismo. (Hoefer, C., 203/2016) Pero, esta posibilidad no se ha actualizado, y permanece en el terreno de la especulación matemática; de modo que el determinismo aún es válido en este capítulo de la física. Se podría comentar que este indeterminismo en el corazón de los hoyos negros no solo vibra en lo especulativo, sino que también podría tratarse de desconocimiento de los procesos que allí ocurren: una situación indeterminada y azarosa de tipo azar epistemológico; porque resulta difícil concebir que una teoría física de la naturaleza postule un 'indeterminismo' a-causal –azar natural--; veremos este tipo de situación más adelante cuando revisemos las paradojas de la Física cuántica.

De manera que no está claramente establecido que la TGR quiebra el determinismo en su estructura teórica; las amenazas de esta disrupción del determinismo permanecen en un terreno muy especulativo por el momento. Y si lo hicieran, no se quiebra el determinismo esencial de causalidad en todo movimiento y transformación material, porque si así fuera, no sería posible la ciencia, ni el pensamiento racional. La presencia de las singularidades que presentan algunas teorías físicas contemporáneas, plantean un problema epistemológico, sin duda interesante, pero no es parte del propósito de este trabajo.

Pero el determinismo causal ha sido desafiado más seriamente en física por dos importantes desarrollos en ciencia, los sistemas denominados caóticos, y fundamentalmente por el advenimiento de la física cuántica en el área de la microfísica. En el próximo apartado comenzaremos revisando brevemente los Sistemas dinámicos caóticos.

Bibliografía:

1. Hoefer, Carl (Jan 23, 2003; rev. Jan 21, 2016). Causal Determinism. En: Stanford Encyclopedia of Philosophy. https://plato.stanford.edu/entries/determinism-causal/

SISTEMAS DINÁMICOS DE COMPORTAMIENTO CAÓTICO

Sistemas dinámicos.

Los sistemas dinámicos (SD) son objeto de estudio de las matemáticas como un subgrupo de los sistemas complejos (con varios componentes interactuarte para lograr una acción o una información particular); estos sistemas dinámicos comprenden numerosos elementos en movimiento, y son abundantísimos en la naturaleza y en la vida interactiva de los seres humanos. Los SD ayudan a comprender el comportamiento de los sistemas complejos, y para este efecto, utilizan ecuaciones que consideran las variables envueltas en el sistema, en un marco de reglas temporales; estas ecuaciones intentan describir patrones y estados de equilibrio del movimiento resultante de los componentes individuales en interacción; los SD son 'particularmente' dinámicos, porque sus parámetros varían con el tiempo. En lo que se refiere a su descripción dinámica, los SD pueden ser de interacción lineal, con un curso dinámico más asequible al análisis matemático; básicamente se trata de modelos o artefactos generados por los seres humanos para ilustrar esta dinámica. Los sistemas lineales son en rigor, no naturales, puesto que en los sistemas naturales intervienen numerosos elementos interactuando en diversas direcciones, son sistemas caóticos. Los estudios matemáticos de los sistemas dinámicos –, básicamente: modelos explicativos--, tienen una amplia aplicación en diversas ciencias, incluyendo la astronomía, climatología, economía, física, etc. Este es naturalmente un tema bastante complejo y variado que no corresponde discutir en este trabajo; aquí solo me referiré superficialmente a los sistemas dinámicos caóticos naturales.

Sistemas dinámicos naturales.

Un sistema dinámico natural puede considerar solo un elemento –una pelota en movimiento, un péndulo balanceándose, colocar fichas en un tablero, etc.--, aunque obviamente hay también muchos otros elementos y factores físicos envueltos en la dinámica de estos objetos 'singulares'. Se puede afirmar por tanto, que en todos los sistemas dinámicos naturales, concretos (un río, un estado meteorológico, un volcán, un piño de animales, etc.), los elementos del sistema dinámico en interacción son muy, muy numerosos.

Los sistemas dinámicos naturales se caracterizan por sus interacciones multidireccionales, y tienen un curso imposible de predecir, que impresiona como indeterminado, aperiódico y desordenado; aunque la conducta de sus componentes está perfectamente regida por la causalidad física. Se habla de sistemas dinámicos caóticos en estos sistemas de interacciones no lineales, porque no es posible predecir –anticipar--, desde una condición física inicial de los elementos componentes, el resultado a largo plazo –tiempo después del inicio del estudio. Pero, no solo esto, sino que también, al repetir el estudio –en modelos matemáticos--, con variaciones menores del estado inicial, se obtienen resultados diferentes, y a veces muy diferentes (efecto mariposa, en modelos computacionales: el aleteo de una mariposa en Argentina, causa tornados en América del Norte). Se dice entonces, que un sistema caótico es altamente sensible de las condiciones iniciales de sus componentes, y dependiente también del modo cómo se pone en movimiento; estas son características definitorias de un sistema caótico. Ahora, tratar de repetir un experimento u observación, con iguales condiciones del estado inicial resulta imposible si se trata de un sistema caótico natural (no con un modelo elaborado convenientemente en forma teórica/ideal, o en un computador), ya que los componentes de los sistemas dinámicos, cambian su estado de momento a momento; una observación/experiencia dada, es simplemente imposible de ser repetida en forma idéntica, basta pensar en un río o en un volcán.

Los matemáticos proponen ecuaciones para describir el posible desarrollo de la dinámica de los componentes de un sistema caótico: ecuaciones de estados iniciales y ecuaciones de la evolución dinámica. El curso de los sistemas dinámicos lineales (en rigor no naturales) se puede separar en secciones independientes para su análisis, y su suma da cuenta de la totalidad del sistema; no es posible emplear este procedimiento en los sistemas no lineales, lo que torna su análisis más complicado y controversial. En base a los modelos desarrollados matemáticamente, el caos se puede definir como una propiedad del sistema dinámico, pero esta definición es difícil de lograr, y resulta polémica; y no necesariamente puede tener correspondencia con un sistema caótico natural, concreto. Establecer esta correspondencia entre modelos matemáticos y estados dinámicos naturales –reales--, no es tarea fácil, puesto que aunque los fenómenos naturales de los sistemas caóticos se conciben y entienden en base a la concepción que ofrece la física tradicional de la composición y del comportamiento de los objetos naturales, y son por lo tanto considerados con determinismo causal, la complejidad de las interacciones de los sistemas dinámicos naturales, incluyendo el 'ambiente' en que se encuentra el sistema estudiado, es simplemente mayúscula, lo que hace de las investigaciones, y de las observaciones concretas que se realicen en estos sistemas, una empresa muy complicada, más bien imposible, si se espera obtener resultados precisos y fidedignos. Los modelos matemáticos utilizan patrones en la descripción de la dinamia general del sistema caótico; de manera que es difícil establecer correspondencia entre lo teórico y lo concreto natural. Por tanto, definir nítida y adecuadamente el concepto de caos matemáticamente no es nada de fácil, y como consecuencia, elaborar teorías sólidas respecto a su dinámica parece una meta más bien ideal; por esta razón se tiende a considerar a estos estudios matemáticos de los sistemas dinámicos caóticos, como un 'paradigma', un cuerpo de conocimientos coherente de patrones dinámicos –no de leyes, ni estructuras formales, ni de hipótesis--, que orienta la investigación de sistemas inestables –caóticos--, y ayuda a su entendimiento; estos estudios tienen numerosas aplicaciones en ciencia y en tecnología. Es interesante señalar que estos modelos matemáticos abstractos de situaciones complejas caóticas, se intenta aplicar a ciencias que consultan decisiones humanas concretas, como la economía, sociología, y otras; en las cuales no se puede hablar de un determinismo absoluto de los componentes que se consideren, puesto que las decisiones humanas están abiertas a cambios constantes, lo que agrega más escollos al problema de la correspondencia. (Bishop R. 2003/2015)

Lo importante para nuestro propósito es destacar que los sistemas dinámicos caóticos naturales son entendidos por la ciencia física, y están por tanto regidos por la causalidad que caracteriza la física clásica tradicional, siguiendo las acciones de las fuerzas elementales de la naturaleza que condicionan las leyes físicas; esto significa que estos procesos caóticos son deterministas en la conducta de sus componentes, pero imposible de predecir su curso con precisión; sin embargo, como ya hemos visto anteriormente, la conducta global del sistema se puede estudiar con otros recursos, como por ejemplo, el cálculo de probabilidades, u otras mediciones para estimar el comportamiento total del estado (un río por ejemplo). Esta imprecisión del curso del sistema interactuando, no es al azar, no se trata de un azar intrínseco de los objetos mismos –azar natural--, sino a lo que ya hemos discutido anteriormente: azar epistemológico, derivado de la imposibilidad práctica de medir las acciones individuales del sistema en investigación y las acciones ambientales contextuales. Se podría decir entonces, que el 'caos' del que se habla en este 'paradigma' del caos de los sistemas dinámicos caóticos, se refiere a la apariencia – a nuestra 'percepción' teórica--, de desorden en el curso de la dinámica de los sistemas caóticos naturales, que conduce a resultados impredecibles. Es necesario mencionar que algunos teóricos de esta Teoría del caos, suponen que algunos patrones --muy irregulares--, de esta dinámica elaborada matemáticamente, son resultados de la propagación de la actividad cuántica subyacente, y, por tanto son indeterministas; esta elaboración especulativa depende naturalmente de la interpretación de la mecánica cuántica, que no es ni clara ni definitiva, como lo veremos más adelante.

Pero, el ingenio matemático va aún más allá. En la próxima sección veremos los esfuerzos realizados para mostrar la posibilidad de que el universo en su totalidad sea caótico.

Bibliografía:

1. Bishop, Robert (July, 2003 r. Oct., 2015). Chaos. En: Stanford Encyclopedia of Philosophy.
   https://plato.stanford.edu/entries/chaos/

¿EL UNIVERSO EN SU TOTALIDAD CAOTICO?

El matemático Yanofsky, N. S. (June 22, 2017), profesor de ciencia computacional en el Brooklyn College of The City University of New York postula que el universo es fundamentalmente caótico; sin embargo —de acuerdo con este autor--, la ciencia solo selecciona para su estudio, lo que es predecible y simétrico (no caótico), con lo que presenta un universo ordenado y estructurado. La ciencia simplemente desecha los fenómenos que presentan alguna asimetría de las muchas que se distinguen en física; así por ejemplo, se descartan los fenómenos que no presentan las simetrías más comunes: simetría espacial o simetría temporal (un mismo experimento con resultados diferentes en distintos lugares, o distintos tiempos: asimetría); de esta manera, la ciencia procura y logra, una visón de un universo simétrico, armonioso y equilibrado; si hay simetría se pueden aplicar las leyes de conservación (materia/energía) y las constantes de la física son válidas. Desde esta visión, la ciencia ofrece, más bien intenta ofrecer --directa o indirectamente--, una explicación a todo lo existente; intenta, porque se presentan dificultades en lograr verdaderamente una estructura coherente del universo. Frente a estas dificultades, para salvar la coherencia, la ciencia busca, en el universo y fuera de él, soluciones que suelen ser un tanto bizarras y muchas de carácter metafísico, como es la propuesta de la existencia de multiuniversos. Para evitar estos problemas, Yanofsky propone asumir los fenómenos en su totalidad --tal como se presentan--, con o sin simetría; el autor señala que vemos más estructuras (simetría) en el universo, porque seleccionamos lo simétrico, pero este autor estima que lo simétrico y predecible constituye solo una porción menor del universo, que en su totalidad es caótico (asimétrico e impredecible).

Yanofsky señala que el sistema de números reales: 1, 2, 3, 4, etc. es usado profusamente en ciencia por sus cualidades; estos números son acumulativos y ordenados, y susceptibles de adición, de restar, de multiplicar y dividir; pero insuficientes para abordar los problemas que presenta el caos del universo. Desde hace algunos siglos los matemáticos han venido trabajando con el llamado número imaginario: "i", caracterizado porque su cuadrado es -1 (el cuadrado de cualquier número real no es nunca negativo). Combinando dos números reales (R) con un número real adosado con el número imaginario (Ri) que lo torna imaginario, se logra un 'número complejo' (este es un número bidimensional) (R1 + R2 + Ri). Con estos números complejos se pueden realizar las cuatro operaciones aritméticas que caracterizan a los números reales (que son parte de ellos), pero al considerar los números reales con el "i" adosado, se pierde su estructuración, se relativizan sus valores. Estos números complejos –bidimensionales--, se pueden visualizar como un plano: con un eje horizontal R y un eje vertical Ri; de esta manera los números complejos son una 'extensión de campo' de los números reales –con valores no necesariamente verdaderos, lo que ayuda a resolver problemas matemáticos que no se pueden solucionar con solo los números reales que operan en forma restringida, con valores nítidos, definitivos.

También se pueden combinar cuatro números reales (R) con un número real "i" (Ri), y se logra un "cuaternión" de cuatro dimensiones, estos números son más desestructurados que los números complejos anteriores, se perturba más su orden y al multiplicarlos se pierde su acumulación. Si se dobla un cuaternión se genera un "octonión"; estos números de ocho dimensiones constituyen un extraño sistema de grandes números que contiene los otros números como un subconjunto, y al igual que los anteriores se puede someter a las cuatro oraciones aritméticas, pero son aún menos estructurados --contienen menos axiomas, y no son asociativos (tres elementos abc se pueden multiplicar de dos maneras: a(bc) o (ab)c con resultados iguales, esto no sucede con los octonión). Estos números se pueden doblar más aún, generando sistemas más desorganizados y con más dificultades para manejarlos. Estos sistemas de números complejos combinados con "i" se utilizan en física, particularmente en mecánica cuántica, teoría de las cuerdas y teoría de la relatividad especial, principalmente los números complejos de dos número reales. Naturalmente, los detalles y sutilezas técnicas de estos números escapan al propósito de este trabajo; presento solo un bosquejo muy general para dar una idea de las sutilezas en las que entra la matemática en ciencia.

Yanofsky propone que el centro de las matemáticas en ciencia se traslade de los números reales, al octonión, puesto que en este insólito y amplio número se encuentran en sus subgrupos, todos los números existentes y los axiomas necesarios para las operaciones matemáticas; solo es necesario seleccionar el subgrupo del octonión que calce al fenómeno observado (simétrico o asimétrico). Yanofsky invierte la usual estrategia científica de buscar en lo existente –incluyendo el multiuniverso—la solución de las dificultades matemáticas que encuentra la ciencia en su desarrollo, para adoptar el pródigo octonión que ofrece todas las soluciones matemáticas contenidas en su amplio seno; y de este modo, se pueden considerar y manejar todos los fenómenos existentes, sin cernirlos, para darles la estructura matemática que corresponde.

Como ejemplo del uso creciente del sistema de números complejos en física tenemos la mecánica cuántica en la que los números reales son muy restrictivos para describir matemáticamente estos fenómenos, y se tiene que recurrir a los números complejos que son más flexibles y relativos gracias al "i" que contienen; de manera similar tenemos la 'lógica cuántica' que requiere de una lógica menos restrictiva que la lógica distributiva usual, y utiliza los números complejos con los que los axiomas distributivos no son considerados como necesariamente verdaderos; otro ejemplo más común lo es la mecánica estadística que utiliza la teoría de las probabilidades para manejar el 'indeterminismo' (por imposibilidad de medir las acciones individuales) de gases, líquidos, etc., con este método, las probabilidades fluctúan entre 0 y 1, un espectro 'infinito' de posibilidades que se maneja bien con números complejos; no se trata de un espectro 'finito restrictivo' manejable con números reales. El avance de la física requiere de estructuras matemáticas cada vez más amplias y con menos axiomas; Yanofsky retóricamente nos dice que no sabe cuándo este avance se detendrá, pero se permite especular diciendo que si abordamos todos los fenómenos del mundo sin cernirlos para tomar solo algunos: "…las matemáticas que necesitaremos no tendrán axioma alguno. Esto es, el universo en totalidad está desprovisto de estructura y no necesitamos ningún axioma para describirlo. Ausencia total de leyes." "Esto eliminaría finalmente toda metafísica [de tipo matemático] cuando nos enfrentamos con las leyes de la naturaleza y las estructuras matemáticas. Es solo el modo como miramos el universo lo que nos da la ilusión de estructura." Yanofsky termina su artículo comentando que tenemos que concentrarnos en el modo como los científicos miran el universo, en vez de mirar las leyes naturales del universo, y debemos más bien preguntarnos, qué tienen los seres humanos que los convierte tan bien en cedazos selectivos (solo seleccionan lo simétrico).

La tesis del universo total como caótico, como sugerida por Yanofsky, creo que refleja la curiosa situación de la física operando en base a las matemáticas, que la ha llevado a un creciente nivel de abstracción – incluyendo pintorescas tesis inverificables--, alejándose del fundamento primario e insustituible del conocimiento del mundo, dado por el vivir concreto en las circunstancias que encontramos. Este alejamiento toma desgraciadamente, un carácter reduccionista otorgándole al conocimiento físico-matemático un valor hegemónico que olvida la experiencia primaria del vivir y los conocimientos obtenidos por la reflexión, realizada al margen de las pautas de la metodología científica matematizada de la ciencia empírica. El camino por el que va moviéndose el pensamiento de la física de nuestro tiempo, conlleva el riesgo de caer en especulaciones sin otra base que las posibilidades matemáticas, en desmedro del cotejo con la evidencia directa o indirecta consensuada, tan esencial para la preservación de la buena ciencia. (O'Leary, D., July 5, 2017) El análisis y las conclusiones de las descripciones matemáticas realizada por Yanofsky son sin duda interesantes, pero requiere del examen cuidadoso de la comunidad científica, y de la reflexión filosófica, antes de matricularse en ese sendero; de modo que la propuesta de la totalidad del universo como caótico, no pasa de ser un mera especulación, como el mismo Yanofsky lo reconoce; una especulación que coloca al caos absoluto como la 'realidad' (científica) del mundo, aunque vivamos en la parcela de lo simétrico cernido, con estructura racional predecible y cognoscible. En buenas cuentas se está proponiendo –especulativamente--, una 'metafísica' matemática, desestructurada fuera de su inspiración matemática con un estado de posibilidades incalculables de carácter descriptivo relacional, que no solo resulta anti-intuitivo, sino que además, estéril y fantasiosa; una metafísica que ignora el caudal de la reflexión filosófica y de la teología, y que no explica el orden, la información biológica, ni la vida. En el mejor de los casos, ofrecería solo una escuálida y abstrusa descripción matemática de un ensueño.

La propuesta de este universo, parece más una expresión de la frustración del pensar matemático, que pretende poseer la llave maestra del conocimiento auténtico y definitivo, permitiéndose regir las pautas del desarrollo científico, más que presentar un verdadero y satisfactorio avance del conocimiento científico que permita al ser humano entender y manejar el mundo en que vive en forma coherente y racional. En todo caso, la propuesta matemática de Yanofsky, y el curso de creciente abstracción y, también las vetas de especulación en la física actual, apuntan a la necesidad de una reflexión epistemológica seria y profunda del curso de la ciencia contemporánea, particularmente de la física que imparte cátedra a las demás disciplinas; una revisión que debe incluir la importancia que merecen otros saberes no matematizados, postergados despectivamente como subjetivos, y que son esenciales para la comprensión del mundo y de la vida. Saberes que pueden contribuir con penetrantes preguntas y posibles respuestas acerca de la complejidad y sentido de los objetos naturales más allá del desmenuzamiento analítico realizado incansablemente por la física contemporánea.

No necesito agregar que las especulaciones matemáticas del caos universal, no justifican el postular un azar natural a este nivel, ya su presentación matemática alberga el caos en su seno. Esta propuesta que intenta dar respuesta y justificar todo lo que se imagina, sin embargo, no elimina las cuestiones básicas de cómo todo esto es posible y cómo, de esta incertidumbre y ambivalencia primaria surge el orden y la inteligencia en el mundo. Si este ensayo de Yanofsky lograra apoyo y aceptación en la comunidad científica, significaría que se ha tocado el límite en las posibilidades del conocimiento de la física matemática como ciencia vera.

En el próximo apartado exploraremos la situación de la Teoría cuántica que ha jugado un papel muy importante en el desafío al determinismo en ciencia, y ha dado cabida a proyecciones de azar objetivo –natural--, al indeterminismo cuántico.

Bibliografía:

1.   O'Leary (July 5, 2017). Cosmology Is Naturalism's Playground. But Does the Fun Mask a Science Decline? Evolution News and Science Today.
     https://evolutionnews.org/2017/07/cosmology-is-naturalisms-playground-but-does-the-fun-mask-a-science-decline/

2.   Yanofsky, Noson S. (June 22, 2017). Chaos Makes the Multiverse Unnecessary. En: Nautilus:
     http://nautil.us/issue/49/the-absurd/chaos-makes-the-multiverse-unnecessary

FÍSICA CUÁNTICA: PRINCIPIO DE INCERTIDUMBRE

Partículas subatómicas.

A fines del siglo XIX y comienzos del siglo XX el interés por los componentes básicos de los objetos visibles tomó creciente fuerza, descubriéndose desde entonces, un mundo físico microscópico compuesto de miles de diminutas partículas gobernadas –por el momento--, por las fuerzas fundamentales de la naturaleza. Se considera que estas partículas constituyen los bloques primarios con los que está construida la realidad material. La sistematización y el entendimiento de la interacción de estos corpúsculos, constituye la Teoría Estándar de las partículas subatómicas. En esta inmensidad de corpúsculos se distinguen las partículas reales o fermiones, unidas por fuerzas también presentes en partículas: bosones, que contienen las cuatro fuerzas de la naturaleza. Las partículas son entidades discretas, y se les denominó cuantos, de aquí que el estudio de este capítulo de la física, se le designe, física cuántica. Los fermiones no pueden compartir con otros fermiones el sitio (área) en que se encuentran (Principio de exclusión), en cambio los bosones se pueden apiñar unos con otros. Estas partículas conforman los átomos, particularmente los quarks (fermiones) unidos por gluones (bosones); según el número de quarks --y tipo de quark: up-quark o down-quark-, se obtienen las partículas que constituyen el núcleo atómico: neutrones, protones; las partículas nucleares se mantienen unidas por la 'fuerza nuclear mayor' presente en los gluones. Los electrones (fermiones), giran alrededor del núcleo atómico en distintos niveles según sea el tipo de átomo (oro, hidrógeno, etc.), sujetos en su rotación por la 'fuerza electromagnética' en forma de fotones (bosones). Las dos otras fuerzas de la naturaleza se encuentran en los gravitones, responsables de la 'gravitación', y la 'fuerza nuclear débil' se encuentra en los bosones débiles que merodean en zonas de alta energía buscando partículas inestables en decaimiento. Los átomos se unen para formar las moléculas de acuerdo a sus afinidades electromagnéticas.

En este reducido y simple bosquejo solo menciono unas pocas partículas subatómicas para dar una idea general de la compleja constitución del átomo y sus numerosos componentes, y señalar la presencia de las cuatro fuerzas fundamentales de la naturaleza a este nivel primario de la física contemporánea. Hay muchas más partículas que se han ido descubriendo en las constantes investigaciones realizadas a este nivel, que agregan complejidad y nuevos interrogantes a este campo de estudio, pero no son parte del interés en este trabajo; menciono sin embargo, que la Teoría Estándar ha realizado buenas predicciones para la investigaciones, pero es incompleta, con significativos huecos en sus explicaciones, como son: las características de la materia oscura del universo, el destino de la antimateria, y muy particularmente, las dificultades de integrar la fuerza de gravedad en su estructura, y por tanto, compaginarse con la Teoría General de la Relatividad. El comportamiento de estas partículas es objeto de la Mecánica cuántica.

Mecánica cuántica y su núcleo epistemológico firme.

La Mecánica Cuántica (MC) se considera una teoría científica particularmente exitosa que permite hacer predicciones y cálculos para numerosos experimentos, y ha posibilitado ganar un entendimiento satisfactorio de la dinámica del átomo y sus estructuras; además, ofrece una gama de importantes aplicaciones tecnológicas. Sin embargo, la MC ha revelado también peculiaridades inesperadas y asombrosas en el comportamiento de las partículas subatómicas, que desafían los parámetros usuales de la macrofísica, y así mismo, retan al sentido común y a las estructuras básicas para el conocimiento coherente del mundo y de la vida; esta situación paradójica se refleja en la falta de consenso que existe entre los filósofos de la ciencia especializados en esta materia, acerca de cuánto nos muestra –si lo hace--, el éxito empírico y práctico de la Mecánica Cuántica, del mundo físico que nos sostiene. No es el propósito de este trabajo hacer un análisis de los beneficios que aporta la física cuántica, ni tampoco presentar un detalle de sus desafíos y los interrogantes que genera, me limito a hacer un bosquejo muy general y superficial, para ilustrar las consecuencias que se han desprendido de esta heterodoxa situación de la MC, particularmente en conexión con el azar natural y la indeterminación objetiva de lo existente. (Myrvold, W., July, 2016)

Sin embargo, antes de entrar en esta materia creo que es importante señalar que en la Mecánica Cuántica existe un núcleo de reglas y conceptos físico matemáticos, que de acuerdo a Myrvold, W. (July, 2016) no son considerados controversiales. Este núcleo comprende: "…reglas para identificar un sistema dado [cuántico], los operadores apropiados que representan sus cantidades dinámicas, y un espacio de Hilbert adecuado, en el que los operadores actúan. Además hay prescripciones para la evolución de un estado del sistema cuando actúan sobre él, campos externos especificados, o es sujeto a variadas manipulaciones." Myvold comenta que si se pueda ir más allá de este núcleo no-controversial, "…y llevar la teoría más allá de ser un medio para calcular probabilidades de resultados de experimentos, es un asunto que permanece un tópico en la discusión filosófica contemporánea." Recuerdo que un operador es un símbolo matemático que acoge las magnitudes físicas 'observables' en los experimentos realizados; y el espacio de Hilbert se refiere al espacio indicado entre vectores de la física clásica pero, infinitamente grande para poder proyectar en él todo el aparataje matemático de la Mecánica cuántica, con una base formal. Martínez TA (Agosto, 2009) comenta: "Pero Hilbert no solo propuso un espacio vectorial infinitamente grande. Propuso también que los componentes de los "vectores" pudiesen ser números imaginarios o números complejos sin estar limitados a ser números reales, redefiniendo a la vez el concepto del producto interno de dos vectores para que dicho producto pudiese seguir siendo un número real con significado físico."

Sin duda, este núcleo es de carácter muy técnico, pero pienso que indica bien el carácter metodológico que prescribe, y las limitaciones que implica para una comprensión más profunda de la situación cuántica; esto no significa menospreciar los avances técnicos que ha generado la MC. Con esta descripción de lo que se considera el núcleo de la Mecánica cuántica, se entiende que muchos autores la consideren como un instrumento para coordinar investigaciones y formular predicciones sobre el resultado de los experimentos; en otras palabras, tendría un carácter meramente práctico instrumentalista, operacional, sin penetración ontológica: nos diría poco o nada de la realidad responsable de los fenómenos estudiados. Incluso se realizan intentos de construir un modelo probabilístico de la Mecánica cuántica con sus propios axiomas, dejándola de este modo, instalada en una perspectiva meramente epistemológica, sin intenciones ontológicas.

Principio de Incertidumbre.

Lo primero que debemos revisar en esta reseña de la MC, es el famoso Principio de Incertidumbre (PI). Este Principio fue postulado en forma cuantitativa –matemáticamente: mecánica de las matrices-- en 1927 por el físico alemán Werner Karl Heisenberg; esta formulación matemática de Heisenberg fue fundamental para el desarrollo de la física cuántica, junto con la mecánica ondulatoria de Schrödinger. El Principio de Incertidumbre se refiere al límite en la precisión del conocimiento que se puede lograr --en un momento dado de tiempo--, de ciertos pares de propiedades de una partícula –'variables complementarias'--, como lo son su posición y velocidad (momento); esta variable es la más conocida y discutida por físicos y filósofos. La medición de estos parámetros –posición y velocidad--, es muy importante para determinar un sistema físico en el espacio y tiempo. Otras variables complementarias (interrelacionadas) son, el valor de la energía y la coordenada del tiempo, y la dirección de polarización de las partículas --spin. El PI señala, que entre más se extreman los esfuerzos para lograr la posición certera de una partícula, más se altera la posibilidad de medir adecuadamente su velocidad, y viceversa; básicamente no se pueden determinar los valores de estas variables complementarias (de relación inversa) simultáneamente con la misma precisión (una queda básicamente indeterminada). En la física clásica la velocidad y la posición de un elemento se pueden medir simultáneamente, sin perturbaciones, con lo que se puede determinar el estado del sistema físico dentro del contexto espacio-tiempo, y esto permite predecir su curso. En física cuántica estas mediciones no son posibles de realizar –Principio de incertidumbre--, y se dice entonces, que tenemos a este nivel microfísico, un "indeterminismo objetivo": no se puede determinar el curso de las partículas cuánticas. Pero que no se sepa, ni se pueda predecir el curso de una partícula, no significa que su curso sea a-causal –indeterminado--, esta conclusión es inconcebible y básicamente irracional, puesto que todo movimiento y transformación material tiene una causa física, de otra manera habría que apelar al azar natural o a la magia. Otro aspecto de esta situación del PI, es que se afirma que no se puede obtener en microfísica, un conocimiento completo de la realidad de los objetos estudiados: incertidumbre; esta limitación no es considerada epistémica (por falta de procedimientos técnicos), sino que se atribuye a las características de las cosas mismas; se podría decir que esta afirmación, es un tanto apresurada y prematura, además habla de la realidad misma, un juicio de carácter metafísico, no propio de la ciencia empírica.

Una explicación dada a la incertidumbre del PI, fue el 'efecto del observador', que se refiere a que la implementación de los procedimientos usados para realizar las observaciones en los procesos cuánticos, que en este caso del Principio de incertidumbre, requiere ondas de gran frecuencia que estimulan la partícula, y pueden entorpecer la medición precisa de su posición; pero fundamentalmente alteraría la determinación de su velocidad. Pero, aunque este efecto del observador, efectivamente genera problemas de medición de las variables complementarias, no se ha considerado una explicación suficiente del Principio de Incertidumbre que se atribuye primariamente a una condición propia de la partícula en movimiento: en forma de onda.

(Phys-Org. January 17, 2012) Sin embargo, los avances técnicos en las investigaciones a nivel cuántico, han logrado disminuir el 'efecto del observador', así en un estudio se utilizó una cámara sellada que contiene el objeto estudiado envuelto en una nube de millones de átomos de cesio, que absorben el rebote de los fotones de la luz-laser –utilizado para observar las partículas--, al golpear esta luz el objeto bajo estudio; de este modo, se cancelan sus efectos ondulatorios de alta energía que desestabilizan la partícula. (Phys-Org., July 13, 2017) Estas investigaciones aportan nuevas técnicas para estudiar los fenómenos cuánticos, como las ondas gravitacionales, pero no parecen resolver los desafíos que presenta el PI, que se desprenderían fundamentalmente de sus características propias (naturaleza ondulatoria de partícula/onda, que como veremos más adelante, es una interpretación aún polémica y bajo revisión). Se debe agregar a propósito del Principio de Incertidumbre y en general de la Física cuántica, que se ha señalado que los paradójicos problemas que se plantean a nivel de la microfísica, se ven agravados por no tener conceptos adecuados de lo que realmente significan; por ejemplo, las dimensiones físicas de espacio y de tiempo que se transforman en variables matemáticas abstractas.

Por otro lado, el Principio de incertidumbre no parece que pone un límite al conocimiento de la realidad, dejando así, indeterminado el estado del sistema cuántico, si consideramos los trabajos recientes de los investigadores (Guillame Thekkadath et al. ©2017 American Physical Society) de la Universidad de Ottawa, Canadá, que han podido medir variables complementarias en una partícula, generando clones -- 'entrelazados' (ver más adelante)--, y así poder efectuar las mediciones independientemente en ambos clones; pero como están 'entrelazados', esto se considera equivalente a una medición simultánea. Los investigadores emplearon varias técnicas y estrategias para evitar las dificultades que la dinámica cuántica pone al proceso de clonación, y pudieron así, obtener las copias gemelas entrelazadas para estos trabajos. Con estas mediciones completas de la variable complementaria, se puede determinar el estado cuántico del sistema copiado. Los investigadores explican: "Una vez que el estado es determinado, se conoce todo acerca del sistema. Este conocimiento puede usarse, por ejemplo, para predecir resultados de mediciones, y para verificar que el experimento está funcionando como se esperaba." "…nuestro método determina el valor de los estados cuánticos en cualquier punto que se desee, proveyendo un método más eficiente y directo que los métodos convencionales usados para la determinación de estados." (Ziga, L., Aug. 2017) Sin duda, este trabajo es muy significativo, en el sentido que avanza las posibilidades de la Mecánica cuántica en la dirección de medidas concretas y completas para determinar el estado de estos sistemas, y de este modo se acerca a la concretidad y al determinismo con que opera la ciencia.

El "efecto del observador" junto con el Principio de Incertidumbre, han destacado el papel significativo que juega la observación/intervención humana en el conocimiento científico, pero este no es un tema nuevo en modo alguno, puesto que no hay conocimiento sin conciencia humana y sin un proceso que lo logre, y sin una inteligencia que lo conceptualice; sin embargo, aquí a nivel de la MC, la observación/intervención juega un papel más notorio y dramático, puesto que los medios de observación y estudio de la microfísica, incluyen también ondas y corpúsculos que pueden alterar y 'entrelazarse' con el objeto estudiado; además, la peculiaridad de los fenómenos cuánticos se presta más para especulaciones teóricas y subjetivismos que la macrofísica. Los detalles de la interrelación de la macrofísica con el nivel cuántico en el proceso de la observación, no es objeto de este trabajo. Sin embargo, es pertinente subrayar que los hechos científicos están siempre condicionados por los medios como se obtienen y por las teorías que interpretan los 'hallazgos'; en otras palabras no hay "hechos" completamente puros ni absolutamente objetivos. Agrego que se encuentra en la literatura pertinente, la curiosa propuesta de que la "conciencia humana" sería necesaria para que con el colapso de la onda aparezca el objeto concreto con sus propiedades; esto sería como un acto de creación de la conciencia. Naturalmente los científicos que han sugerido esta posibilidad, no aclaran qué es lo que se significa con esto de creación, porque toda sensación y percepción es generada en una mente frente a estímulos externos. En todo caso, pareciera que se alude a respuestas al colapso de la onda a nivel cuántico, en el seno de la materia cerebral responsable de la visión; si así fuere, continuarían las especulaciones y las paradojas cuánticas a ese nivel.

En el próximo apartado seguiremos explorando otros interesantes y asombrosos fenómenos cuánticos, revisando la conocida "Interpretación de Copenhagen".

Bibliografía:

1. Martínez Telles, Armando (Agosto, 2009). El espacio de Hilbert. I. En Mecánica Cuántica: http://la-mecanica-cuantica.blogspot.com/2009/08/el-espacio-de-hilbert.html
2. Myrvold, Wayne (July 25, 2016). Philosophical Issues in Quantum Theory. En: Stanford Encyclopedia of Philosophy: https://plato.stanford.edu/entries/qt-issues
3. Phys-Org. (January 17, 2012). Are you certain, Mr. Heisenberg? New measurements deepen understanding of quantum uncertainty. https://phys.org/news/2012-01-heisenberg-deepen-quantum-uncertainty.html#nRlv
4. Phys-Org. (July 13, 2017). Smart atomic cloud solves Heisenberg's observation problem. https://phys.org/news/2017-07-smart-atomic-cloud-heisenberg-problem.html
5. Ziga, Lisa (Aug. 18, 2017). Physicists measure complementary properties using quantum clones. En: Phys Org. https://phys.org/news/2017-08-physicists-complementary-properties-quantum-clones.html

MECÁNICA CUÁNTICA: INTERPRETACIÓN DE COPENHAGEN Y FUNCIÓN DE ONDA

Interpretación de Copenhagen.

La denominada "Interpretación de Copenhagen" de la Mecánica Cuántica se refiere a las ideas fundamentales de Heisenberg y de Niels Bohr acerca de la física cuántica, aunque estos físicos no estuvieron totalmente de acuerdo en sus tesis, y tienen claros puntos de desacuerdo. La Interpretación de Copenhagen no es una visión homogénea de la MC, además de las ideas de estos dos científicos, en esta interpretación se incluyen aportes y propuestas de otros físicos. Esta expresión fue más bien acuñada por los críticos de Bohr a mediado del siglo XX, y también participó Heisenberg en su formulación. Bohr propuso inicialmente la tesis filosófica de complementariedad y el principio de correspondencia; la complementariedad se refiere a que un estado físico puede tener, de acuerdo a los resultados de experimentos, propiedades excluyentes, pero que son complementarias; el sentido de la complementariedad de estas propiedades no fue claramente establecida y aclarada por el autor, y se ha prestado para muy diversas interpretaciones y críticas. El primer ejemplo de complementariedad de Bohr, fue la descripción espacio/temporal, y la descripción causal del estado estacionario del átomo (los electrones estabilizados girando en órbita fija alrededor del núcleo atómico); posteriormente –bajo otras influencias--, utilizó como ejemplo el estado ondulatorio: ser onda o un flujo de partículas, dependiendo del experimento realizado; estas propiedades se pueden estudiar en forma separada, son complementarias y excluyentes. La contribución de la complementariedad de Bohr es bien reconocida en el desarrollo de la

MC, aunque el mismo autor terminó no hablando mucho de esta complementariedad de las propiedades, para enfatizar más bien, la descripción experimental de los fenómenos cuánticos, destacando la importancia de las investigaciones por la información tangible que proveen. La influencia de Bohr en el desarrollo de la MC, no se limita a la formulación de este principio de complementariedad, en 1926 propuso la interpretación probabilística de la física cuántica, que fue estructurada por Heisenberg en 1927 y luego tratada por otros científicos, fundamentalmente Erwin Schrödinger. En lo que se refiere a su principio de correspondencia –búsqueda de relación de los principios de la Física cuántica, con los postulados de la mecánica clásica para lograr predicción en la dinámica de los electrones, y en las partículas cuánticas en general--, no fue bien aceptada y permanece controversial. Para Heisenberg este principio de correspondencia debe ser visto solo como un resultado matemático, y no como un principio propiamente tal, puesto que para Heisenberg, la Mecánica cuántica era una teoría cerrada, un sistema axiomático completo, que no dependía para nada de la Mecánica clásica.

La Interpretación de Copenhagen adscribe naturalmente al Principio de Incertidumbre, y está influida por las ideas de Niels Bohr, formuladas años antes de la participación de Heisenberg. Pero esta Interpretación sigue más bien los conceptos de Heisenberg, y postula que las partículas en movimiento ondulatorio mantienen abiertos todos los posibles valores de medida de sus propiedades, y esto es representado como una "onda de probabilidades"; esta ecuación de onda tiene para Heisenberg valor causal, aunque probabilístico, del electrón en el espacio de configuración de la onda, y puede predecir –probabilísticamente--, resultados de experimentos. Solo cuando la onda colapsa por intervención experimental: observación, la partícula se hace tangible y puede ser medida: entonces un solo valor de las propiedades presentes en la onda probabilística se hace efectivo. En esta interpretación, las partículas no tienen localización en la onda, hasta que son "observadas" experimentalmente. Esta peculiaridad de la física cuántica se aleja radicalmente de los principios básicos de la macrofísica en la que se pueden distinguir claramente, el estado físico del instrumento de observación, del estado del elemento observado, sin necesidad de intervención especial para hacer posible la observación. El colapso de la onda probabilística con los estados superpuestos, plantea lo que se denomina "el problema de medición", ya que si se es consistente con la teoría cuántica, el instrumento de medición tiene a su vez una condición cuántica. De manera que dos estados cuánticos –la onda y el instrumento--, se ponen en contacto e interactúan en el proceso de medición, esta interacción hace muy difícil la interpretación de lo que significan exactamente los datos obtenidos con valores definitivos; el paso de onda probabilística a un estado definitivo estable con la medición, constituye un desafío teórico que no se ha resuelto. Sobre el problema de la medición se han elaborado numerosas hipótesis, y es fuente constante de debate en la Mecánica Cuántica; incluso se ha considerado la necesidad de una 'ontología primaria', además del estado cuántico, para aclarar la situación. (Myrvold, W., July, 2016)

La teoría probabilística de la Mecánica cuántica, formalizada inicialmente por Heisenberg y modificada fundamentalmente por Erwin Schrödinger, rompe muchos principios básicos de la física tradicional, entre los que se pueden mencionar: no es posible especificar completamente el estado del sistema físico usando los parámetros de posición y velocidad del objeto en movimiento en un marco de espacio/tiempo; desaparece la causalidad y continuidad de los procesos, y también desaparece la independencia de los valores de las propiedades de un mismo elemento (están interrelacionadas), y de dos de esos elementos separados (no-localidad); se elimina la imposibilidad de que un espacio pueda albergar más de un elemento de la misma clase, y otros extraños fenómenos. Estos fenómenos paradójicos se postulan, porque no se puede elaborar una teoría que explique los resultados experimentales realizados, si en la onda probabilística se consideran entidades con propiedades específicas no contradictorias.

Las condiciones estipuladas en la física clásica que rompe la MC, aseguran un conocimiento objetivo de la realidad con identidad de sus componentes, y deja a la Interpretación de Copenhague de la Mecánica Cuántica, como "indeterminista" y, para algunos críticos, como: "subjetiva". Es interesante anotar que Bohr acepta los principios en la física cuántica, pero con adecuada interpretación, y así se opuso a la 'idealización' –atribución—de propiedades y características a los fenómenos cuánticos no debidamente observados y medidos, lo que se hace frecuentemente en la física clásica siguiendo estos principios de objetividad, y también se hace en la física cuántica, pero no siguiendo principios, sino más bien por necesidad de tener alguna explicación. Además, e ilustrando en cierto modo lo anterior, Bohr, si bien aceptó la utilidad de las probabilidades de la onda cuántica, no consideró la onda como nada real, sino como un símbolo significativo; con esta visión de Bohr de la onda cuántica, se eliminan las dificultades teóricas que surgen con la propuesta de colapso de la onda por la observación/medición, que es de influencia de Heisenberg; Bohr no pensó la medición de los cuantos en términos del colapso de la función de onda. Por otro lado, los teóricos que defienden estas características cuánticas sorprendentes, recomiendan aceptar estos "hechos" como se dan, y olvidar las condiciones de conocimiento de la física clásica. Pero esta perspectiva, si tomada en forma estricta –fundamentalismo cuántico: lo cuántico fundamento de todo--, también enfrenta dificultades; entre otras, cómo se acoplan o se relacionan los dos niveles, el cuántico indeterminista, con el nivel objetivo de los resultados de las mediciones, si de partida ambos (instrumento de medición y objeto cuántico medido) son estados cuánticos en sus áreas de contacto: se producirían interferencias y entrelazamientos que no permitirían su separación y la medición de las propiedades de los cuantos, para traducirlos a resultados objetivos concretos. (Faye, J. 2002/2014)

Como consecuencia de estas características señaladas para la onda cuántica, se puede constatar que, en una partícula disparada experimentalmente, no es posible predecir donde terminará, ni tampoco se puede anticipar su trayectoria; la trayectoria se determina una vez que la partícula ha alcanzado su punto final, todos los caminos posibles estaban abiertos –tenían igual probabilidad-- para la partícula; se habla de causalidad retrógrada en estos casos (Integral de camino de R. Feynman). La onda de probabilidades se comprende mejor si consideramos otro fenómeno inusitado, revelado en las investigaciones de la Mecánica Cuántica: la luz se propaga en forma dual, ondulatoria y también en forma corpuscular (estos corpúsculos de 'luz' –fotones--, están sometidos naturalmente al PI). Y así mismo lo hacen las partículas lanzadas experimentalmente, habitualmente electrones. Si se disparan partículas en dirección a una ranura en una plancha compacta, y se registran los impactos en una pantalla más allá de la plancha, se constata que los impactos de las partículas no solo están en la dirección de la ranura, sino que se esparcen más allá de ella; pero aún más, si se colocan pantallas receptoras alrededor del cañón que las dispara, se encuentran efectos detrás del cañón, al rebotar las ondas en la plancha. Las partículas viajan entonces como la luz, en forma ondulatoria y corpuscular. Esta característica –ondulatoria y corpuscular--, de las partículas cuánticas en movimiento se piensa es la causa primaria del PI.

En el próximo apartado continuaremos explorando las interesantes características de la onda de probabilidades, y veremos también el curioso fenómeno del entrelazamiento cuántico.

Bibliografía:

1. Faye, Jan (May 2002, r. July 2014) Copenhagen Interpretation of Quantum Mechanics. En: Stanford Encyclopedia of Philosophy. https://plato.stanford.edu/entries/qm-copenhagen/#pagetopright

2. Myrvold, Wayne (July 25, 2016). Philosophical Issues in Quantum Theory. En: Stanford Encyclopedia of Philosophy: https://plato.stanford.edu/entries/qt-issues

FUNCIÓN DE ONDA Y ENTRELAZAMIENTO CUÁNTICO

Función de onda.

El físico austríaco Erwin Schrödinger (1867-1961) fue el científico que propuso que las partículas cuánticas se propagan en ondas que no usan ningún medium de transmisión --como lo hacen las ondas sonoras que utilizan el agua o el aire--, sino que lo hacen desde sí mismas; en esta perspectiva, Schrödinger adopta una concepción vibratoria del electrón. De modo que si desaparece la onda, no queda ningún medium; queda por cierto la partícula que se puede medir. Cuando se superponen dos ondas se genera una interferencia, en la que algunos sectores de las ondas se suman y otros se restan, y esto es precisamente lo que sucede cuando un cañón dispara muchas partículas frente a una plancha con dos ranuras: en la pantalla que registra los impactos, se ve el efecto de interferencia; este experimento confirma la propuesta de Schrödinger de la propagación de las partículas en forma de onda. Pero esta conceptualización de las partículas entra en confrontación con la noción de los 'cuantos', que son considerados unidades indivisibles y, sin embargo, se propone que viajan en forma de ondas en la amplia extensión que esta cubre. En verdad resulta difícil hablar de partícula contenida en la onda, puesto que la onda es derivada de la partícula disparada, pareciera más bien que la partícula se difunde, y se extiende en forma de onda, y que al colapsarse se reintegra el corpúsculo propiamente tal; se trata sin duda, de un problema aún no resuelto.

Si se estudia el curso de una sola partícula, no se puede predecir donde colapsará la onda, ni tampoco se puede determinar donde impactará la partícula, pero si se estudia un flujo de partículas disparadas repetidamente en condiciones iniciales similares, y conocidas, se puede utilizar la teoría de las probabilidades para calcular el curso del conjunto de partículas (onda); esta capacidad de predecir aumenta con el mayor número de partículas envueltas, al punto que con un número bastante mayor de partículas, la probabilidad de acertar es casi igual a las posibilidades que tendría una sola 'partícula' (una partícula no cuántica, porque con una partícula cuántica la probabilidad de acertar es insignificante). La descripción matemática usual de estos sistemas cuánticos –ondulatorios--, toma la forma de 'función de onda'; esto es, una compleja ecuación --ecuación de Schrödinger--, que reemplaza la matemática de las matrices propuesta por Heisenberg, y describe la evolución de la onda cuántica; esta ecuación es un aporte original –y particularmente celebrado y reconocido--, de este laureado físico. Como esta concepción de la onda está basada en probabilidades, no se puede saber exactamente dónde se encuentra la partícula, o partículas, en la onda: 50% de probabilidad en un lugar o en otro, esto se considera como que los estados de la partícula están superpuestos, y del mismo modo se encontrarían sus propiedades en distintos estados –valores-- al mismo tiempo, también superpuestos. Para poder ubicar la posición de la(s) partícula(s) y el valor de sus propiedades es necesario observarlas directamente. Este anti-intuitivo rasgo de superposición en la onda cuántica, es aceptado a nivel microfísico, pero a nivel macroscópico, Schrödinger considera que es simplemente absurdo pensarlo, y lo expresa en la famosa parodia del gato, en la que un gato encerrado en una cámara sellada viene a representar la onda cuántica; la vida del animal depende de la descomposición atómica de un trozo de elemento radioactivo, que al descomponerse, un contador Geiger activará un martillo que rompe una ampolla con veneno. Como la descomposición del material radioactivo ocurre impredeciblemente, al cabo de un cierto tiempo, el estado del radio y del gato es probabilístico, lo que significa, en el caso del gato, que estaría vivo y muerto al mismo tiempo (superposición); este estado de probabilidades se resuelve al abrir la caja y observar lo que ocurre (colapso). Schrödinger reconocía la utilidad de su ecuación en física cuántica, pero no aceptaba esa 'realidad' cuántica para el mundo de la macrofísica.

Esta superposición es una característica que diferencia radicalmente la MC de la macrofísica. La concepción probabilística le otorga al estado cuántico, gran 'libertad', y naturalmente 'indeterminación' en la continuidad de los procesos de la onda y su resolución. Sin embargo, la progresión de la onda de Schrödinger es determinista, en el sentido que con esta ecuación, el vector del estado cuántico en un momento, se determina el estado del vector del estado en cualquier otro tiempo, pero no nos dice cómo va a actuar en el colapso este sistema cuántico de los estados superpuestos, en ese sentido es impredecible, como también lo es el destino de una partícula individual; solo ofrece la probabilidad de cómo puede actuar el sistema, y lo hace con bastante certeza cuando se conocen sus condiciones iniciales. Esta fórmula tampoco explica el proceso del colapso de la onda que se desencadena por la intervención de medida: el paso de la superposición múltiple de la onda, a un estado unitario, a través de una interacción cuántica con el instrumento de medición.

Es interesante y oportuno mencionar que este rasgo probabilístico de la función de onda de la física cuántica – superposición--, ha dado cabida a grandiosas especulaciones físico-matemático de carácter metafísico, como lo son las diversas teorías de los multiuniversos. Básicamente estas teorías proponen multiuniversos que surgirían de todos los valores posibles de las propiedades presentes en el sistema cuántico universal – función de onda probabilística--; ya sea, porque se concretizan cuando el sistema pierde su estabilidad (colapsa) o, sea por observación/intervención o, sea espontáneamente bajo ciertas circunstancias o, incluso emergerían sin colapso por una evolución unitaria de la onda de probabilidades a resultados concretos. Este tipo de propuestas constituyen una especulación imposible de someter a verificación empírica, y cae por tanto fuera de las posibilidades metodológicas de la ciencia. La popularidad que ha cobrado este tipo de hipótesis, se alimenta en buena medida, de ideologías naturalista/materialistas que encuentran dificultades y amenazas para sostener su viabilidad en muchas observaciones de nuestro universo (por ejemplo: la información biológica, el "fine tuning" del universo, aparición de la vida, etc.), y buscan así, un modo de explicar y diluir esas dificultades, recurriendo a los multiuniversos en los cuales --gracias a su incalculable número--, todo sería posible por el mero azar de lo natural: las cosas son así porque así ocurren; todo lo que puede ser, es. Algunos físicos consideran que esta contaminación ideológica ha frenado la revisión de esta concepción probabilística del sistema cuántico, para buscar respuestas científicas deterministas, más satisfactorias, manejables y realistas, propias de la ciencia.

Entrelazamiento cuántico.

Los fenómenos cuánticos entrañan muchas sorpresas y abren numerosas interrogantes, pero su exposición no es el propósito primario de esta somera y simple revisión; sin embargo, me voy a permitir mencionar otro interesante y inesperado fenómeno cuántico, porque nos muestra como la ciencia aborda estos desafíos buscando explicaciones para dar cuenta de estos extraños acontecimientos observados en la microfísica, sin recurrir necesariamente a la fácil solución del azar. Se trata del fenómeno conocido como "entanglement" --'entrelazamiento'-, que comienza en 1935 con la propuesta matemática de Einstein y sus discípulos Boris Podolsky y Nathan Rosen, en un trabajo conocido como el "artículo EPR". En este artículo explican –siguiendo un experimento mental--, que en la física cuántica pueden haber sistemas separados en los que medidas realizadas podrían estar correlacionadas (sincronizadas), de modo que el resultado de una medición en una partícula, afecta al mismo tiempo, a otra a distancia. Estas interacciones se realizan en forma consistente con el Principio de Incertidumbre, si colapsa la onda para medir una partícula, también colapsa la –o las--, partícula(s) entrelazadas con ella.

Estos autores argumentan que estas correlaciones indican que los resultados observados estaban determinados previamente por un factor común, porque la alternativa implicaría la comunicación de los resultados desde la ubicación de la partícula estudiada, a la ubicación de la(s) otra(s), con una velocidad superior a la de la luz, y eso no es posible; la comunicación instantánea sin explicación causal no es, naturalmente, aceptada. Los autores proponen la posible existencia de una "variable oculta" responsable de esta coordinación de los resultados de las medidas realizadas en sistemas en las distintas ubicaciones. Esta teoría, así como también la de Broglie-Bohm que veremos más adelante, son teorías con penetración ontológica, asumen estructuras responsables de los resultados experimentales; no son teorías prácticas o meramente instrumentalistas. Esta aproximación del EPR al entrecruzamiento, es localista como lo es la física tradicional, de conexiones locales por medios conocidos, asume un estado real, y es considerada intuitivamente verdadera; en cambio la interpretación de Copenhague de este fenómeno es no localista, acepta la acción –causalidad-- a distancia, aunque no se conozcan los medios de comunicación de las partículas envueltas. Las investigaciones de sistemas separados a gran distancia realizadas posteriormente, han comprobado que los resultados muestran correlaciones estadísticas difíciles de explicar causalmente;   pero, siguiendo una interpretación del Teorema de Bell (1964) se descartó la posibilidad de la "variable oculta". El autor de este teorema –John S. Bell--, expresa matemáticamente la situación estudiada –lo que permite la experimentación real--, y compara la propuesta del EPR con la Interpretación de Copenhague –no-local-- acción a distancia—, y muestra "desigualdad" en los resultados en los experimentos realizados. La interpretación más frecuente de esta 'desigualdad de Bell', descarta la 'variable oculta', pero queda abierta la posibilidad de otras interpretaciones. Se concluyó que la mecánica cuántica "no es local", y que múltiples partículas distantes, están ligadas (correlacionadas), de tal modo que la medida de una, determina los estados cuánticos posibles de otras partículas. (Orzel C. July 8, 2015) El entrelazamiento es un fenómeno bien aceptado y asentado en la física cuántica; pero ha surgido el problema que no todos los entrelazamientos son "puros", esto es, no todos violan el localismo realista, y se ha determinado que la mayoría de estos entrelazamientos en la física cuántica no son "puros" (habrían factores que explicarían la correlaciones observadas).

De manera que el fenómeno de entrelazamiento, aunque aceptado por la comunidad de científicos, ofrece numerosas excepciones en lo que respecta a la violación del localismo realista. Es relevante mencionar que esta correlación a grandes distancias presenta un desafío al supuesto de la constante de la velocidad de la luz, que si se quebrara, presentaría serias dificultades a importantes teorías vigentes en la física contemporánea; y también hay que mencionar que la posibilidad de las variables ocultas no se ha descartado por completo, y que es posible también, que este fenómeno de entrelazamiento en física cuántica, apunte a un cambio de concepción de identidad, de ente clásico--definido por sus propiedades--, para concebir que partículas equivalentes forman una totalidad inseparable –un ente--, independiente de la distancia que las pueda separar. Nuevamente, hay que notar que este fenómeno de entrelazamiento, no está adecuadamente entendido y la conexión de sucesos correlacionados a distancia permanece sin una explicación plenamente satisfactoria.

En el próximo capítulo revisaremos el mentado "indeterminismo cuántico", y el desafío epistemológico que plantea.

Bibliografía:

1. Orzel, Chad (July 8, 20015). Six Things Everyone Should Know About Quantum Physics. En: Forbes: https://www.forbes.com/sites/chadorzel/2015/07/08/six-things-everyone-should-know-about-quantum - physics/#1c798a027d46

INDETERMINISMO CUÁNTICO Y DESAFÍOS
EPISTEMOLÓGICOS DE LA FÍSICA CUÁNTICA

Indeterminismo cuántico y azar epistemológico cuántico.

La imposibilidad de determinar el trayecto y punto de llegada de una partícula cuántica, la superposición de sus estados posibles en la onda cuántica, y la incapacidad de la ciencia de medir los valores de sus propiedades con precisión, y además la indefinición del orden de los acontecimientos en el tiempo (ausencia de separabilidad causal), han dado base para hablar de indeterminismo en la física cuántica. Ahora, si tenemos indeterminismo a este nivel, este afectaría a toda la construcción física que comienza con el fundamento cuántico. Pero como ya hemos mencionado, cuando se considera un número mayor de partículas, es posible determinar el curso del sistema con considerable precisión, si se conoce su estado inicial; y esto sería lo que ocurre en el nivel de la macrofísica con su infinitud de partículas cuánticas en juego; por lo que tendríamos un determinismo práctico, estadístico, pero teóricamente no absoluto. El indeterminismo a nivel cuántico, no solo se reduce a la percepción humana de incapacidad de predecir el curso de las partículas individuales, sino que se considera que la indeterminación cuántica – como imposibilidad de predecir--, está fundamental e íntimamente ligada a las características mismas del comportamiento de los cuantos – partículas que exhiben comportamiento de onda. Es conveniente recordar una vez más, que la capacidad de predecir no significa necesariamente indeterminismo en el material estudiado –estos términos no son equivalentes--, como lo hemos visto a propósito del azar epistemológico en la mecánica de los gases y en los sistemas dinámicos caóticos.

El fenómeno de superposición en la onda probabilística que vimos en el apartado anterior, es responsable de muchos fenómenos cuánticos que se consideran indicativos de indeterminismo en la microfísica. Pero es realmente curioso que se proponga la superposición como un fenómeno 'real' --estados concretos de ser de trayectorias de partículas--, si consideramos que las probabilidades nos muestran posibilidades de ser o de ocurrir algo, no estados físicos o situaciones reales, de hecho; por ejemplo la probabilidad que Juan haya ido al cine o a la biblioteca con su amiga, no nos va a decir nada real, sino meramente lo posible acerca de su paradero; no hay superposición probabilística, aunque el cálculo de probabilidades nos dé un 50% para ambas probabilidades: Juan y su amiga no están en la biblioteca y en el cine al mismo tiempo; las probabilidades nos muestran claramente, solo nuestro estado de ignorancia acerca de lo que sucede en la realidad de lo que se estudia. Schrödinger mostró lo absurdo de esta superposición en el mundo macrofísico, pero no queda claro, por qué las probabilidades en microfísica transforman lo posible, en real; al parecer sería para darle sentido y validez a las experiencias de laboratorio realizadas. También parece que se supone –supuesto--, que las propiedades de la partícula, no solo se conservan en la onda cuántica de probabilidades, aunque cambie su estado físico, de corpúsculo a onda, o a un estado mixto (el agua líquida no tiene las mismas propiedades que el vapor de agua o el hielo), sino que además se actualizan todos los posibles valores de esas propiedades, que se conocen fundamentalmente cuando se analiza la partícula propiamente tal, no en estado de onda. En rigor se puede decir que el conocimiento de lo que está ocurriendo en la onda cuántica es bastante limitado, conjetural y conveniente para validar algunos experimentos; una situación epistemológica interesante, de momento muy poco clara y controversial. Pero este no saber, no autoriza la afirmación que lo que allí ocurra, es el resultado del azar, que se trate de una situación a-causal, en la que todo es posible, aún lo inverosímil; ya lo hemos señalado, la a-causalidad significa caer en una irracionalidad con tonos metafísicos. De manera que hablar de indeterminismo en el seno de la onda cuántica, es mera impredecibilidad por falta de conocimientos; en otras palabras, se trataría –en el mejor de los casos--, de un indeterminismo epistemológico (de tipo cuántico), no real, no objetivo, no ontológico.

No es sorpresa entonces, que se ha sugerido, que la interpretación realista de la función de onda es inadecuada, y se debería a mediciones erradas o mal interpretadas de los experimentos realizados, que son la base para la elaboración de la concepción de la onda probabilística como un fenómeno real. Sin embargo, curiosamente esta interpretación de la onda probabilística, no es la prevalente en la comunidad científica.

De modo que el conocimiento que se tiene de la onda cuántica es limitado, ya hemos visto, que se postula en su dinámica, la coexistencia de partículas y ondas, pudiéndose notar características de onda, como: frecuencia, largo y dispersión, junto con cierta ubicación propia de los corpúsculos; por estos hallazgos, se estima que no es adecuado hablar de onda o partícula propiamente tales, sino más bien de una tercera categoría que contiene aspectos de ambos estados. Como lo he ya señalado, lo que ocurre en la onda cuántica no es claramente entendido, hay distintos y polémicos acercamientos teóricos a este curioso e enigmático estado. Complica más aún el entendimiento teórico, y la descripción del mundo cuántico, cuando los científicos a veces hablan de partículas cuánticas y otras veces se refieren a ellos como 'campos' cuánticos (llenando todo el espacio), según conveniencias teóricas. De modo que sin un cuadro claro de las características de las partículas y de su comportamiento dinámico, no es posible hacer predicciones de su curso, ni de sus propiedades.

Con esta situación de la onda cuántica, no es de extrañar que en este campo exista debate y controversia de cómo concebir el significado de los conocimientos de las observaciones experimentales; así, algunos científicos y filósofos de la ciencia de inclinan a pensar que la descripción matemática de 'función de onda' –'probabilística' con estados superpuestos--, muestra lo ontológico --real--; y otros expertos, por lo contrario, sostienen que esta banda de probabilidades superpuestas, es solo un efecto epistémico: expresión del conocimiento disponible sin connotación ontológica. Esta controversia no se limita solo a la onda de probabilidades, sino que se extiende a muchas áreas de la MC. (Orzel C. July 8, 2015) Además, es pertinente comentar que importantes físicos piensan que la ecuación de función de onda es insuficiente, o errada en la descripción de la realidad cuántica. Este estado del conocimiento de lo que entraña la onda cuántica, refleja una de debilidad teórica para explicar muchas observaciones experimentales en la física cuántica, y viene a confirmar una falta de claridad en las explicaciones conceptuales de los procesos envueltos en la gestación de los paradójicos fenómenos inferidos.

De manera que el indeterminismo cuántico parece ser más bien debido a una carencia de conocimiento teórico/experimental suficiente, que a un estado definitivo de indeterminismo del nivel cuántico, debido a un azar natural, objetivo y propio de las 'cosas' mismas. Es más apropiado y pertinente en este caso, hablar de azar epistemológico; pero a diferencia del azar epistemológico que hemos visto en la macrofísica con un substrato de fenómenos deterministas prácticamente imposibles de medir, aquí a nivel cuántico, la ignorancia no es debida a factores prácticos, sino a la ignorancia genuina de los detalles de los procesos envueltos en estos fenómenos; podríamos usar los términos de azar epistemológico cuántico para diferenciarlo.

Las paradojas y los sorprendentes fenómenos cuánticos como posible punto final de la ciencia.

La Mecánica Cuántica (MC) no debe –como sugieren algunos autores--, limitarse a la sola 'constatación' experimental/teórica de estos fenómenos paradójicos --que como mencionado, son postulados por las hipótesis que explican los hallazgos experimentales--, acomodándose así, a una visión incompleta de la micro-realidad física, aceptándolos tal como se dan, o más bien como se suponen que son: indeterminados y paradójicos. Renunciar a tratar de validar su existencia y justificar racionalmente –si se confirmaran-- sus inusuales características, significaría una claudicación que paralizaría la ciencia, y daría cabida a hablar errónea y prematuramente, de un nivel de a-causalidad en la microfísica. Considerar la a-causalidad en ciencia, sosteniéndose que el material con que trabaja: la naturaleza, está poblada en sus fundamentos por extraños e inexplicables fenómenos que desafían el entendimiento, no es compatible con una ciencia pujante y viva.

Las consecuencias de este indeterminismo cuántico, sin leyes establecidas, ni causalidad coherente para lograr una continuidad en los procesos, se neutraliza con el uso de las probabilidades, que como ya he mencionado anteriormente, ofrece resultados satisfactorios, pero no absolutos, para estimar la conducta del sistema cuántico en su conjunto, y predecir ciertos aspectos de su comportamiento. Pero esto no justifica la paralización de la investigación científica.

Qué no se conozcan las causas que expliquen la conducta de los cuantos, no significa necesariamente que no haya causas por conocer (con el debido enfoque teórico y creatividad experimental). Ciertamente, es lamentable que no tengamos una explicación de los procesos que sustentan las paradojas cuánticas, pero la ciencia frente a estas lagunas de conocimiento, ha de continuar revisando teorías, perspectivas y realizando experimentos para conseguir explicaciones satisfactorias. Y, aunque no le fuera posible conocerlas a la física-matemática, no se puede negar la existencia de algún tipo de causa que explique sus acciones y manifestaciones; asumir y proponer un estado de a-causalidad, no solo es insatisfactorio para el entendimiento humano, sino que además, si se aceptara, impregnaría al conocimiento de la naturaleza de un aurea de banalidad, de falta de firmeza y de substancia para un verdadero entendimiento del mundo en su totalidad. Además, aceptar, las paradojas encontradas en las observaciones experimentales y sus elaboraciones teóricas, para construir un modelo de la realidad primaria de la física, sin más explicaciones, implica apuntar, y sumergirse, en un vacío ininteligible, sin orden ni sentido, al que se le atribuye la capacidad de generar —crear-- los cuantos mismos, y sus sorprendentes características; esta zambullida metafísica, significaría creer en un azar objetivo y absoluto; o tal vez, para algunos se trate de la presencia de una divinidad caprichosa e indescifrable. Este fondo a-causal que postularía la ciencia, constituiría el trasfondo que soporta silenciosamente, todo el mundo que conocemos; un absurdo ininteligible e irracional; del desorden no nace el orden, de lo irracional no se desprende lo racional.

Y si en efecto, la ciencia físico-matemática con sus recursos, llegara a la imposibilidad de resolver las paradojas cuánticas, significaría lisa y llanamente, un enfrentamiento con una frontera impenetrable para la empresa científica. Ante esta situación habría que considerar la contribución de otros saberes con diferentes procedimientos y supuestos, para incursionar el mundo más allá de la óptica científica, con una racionalidad más amplia y concorde con las necesidades cognitivas del ser humano. Nuevamente y enfatizando, aceptar y conformarse con las incongruencias, las virtualidades imaginadas y las paradojas cuánticas como una 'realidad' final, sin más explicaciones, no es una decisión que debe tomarse a la ligera.

En el próximo capítulo revisaremos brevemente las proyecciones del indeterminismo cuántico en la macrofísica, y los riesgos en las especulaciones desmedidas asociadas a las características paradójicas de la física cuántica.

Bibliografía:

1.   Orzel, Chad (July 8, 2015). Six Things Everyone Should Know About Quantum Physics. En: Forbes: https://www.forbes.com/sites/chadorzel/2015/07/08/six-things-everyone-should-know-about-quantum - physics/#1c798a027d46

PROYECCIONES DEL INDETERMINISMO
CUÁNTICO A LA MACROFÍSICA

Extrapolación del indeterminismo cuántico a la macrofísica.

Sin embargo, a pesar de las consideraciones mencionadas en el capítulo anterior, algunos autores proyectan especulativamente la indeterminación del mundo cuántico a la esfera de la macrofísica, sosteniendo que en ningún sistema dinámico −físico o biológico--, se puede determinar su curso a largo plazo por la indeterminación cuántica que subyace en los fenómenos de la macrofísica; otros autores lo pregonan como la base del libre albedrío del ser humano y; otros, aún especulan que lo utiliza Dios para realizar su voluntad, sin perturbar las leyes de su creación, también creadas por Él. No me voy a detener en detalles con respecto a estas −y otras--, extrapolaciones especulativas de la teoría cuántica a las diversas áreas envueltas en las preocupaciones de los autores que las hacen. Pero creo importante revisar otros aspectos que inciden en esta problemática que presenta la física cuántica.

Me parece interesante e ilustrativo señalar que en la física tradicional es posible distinguir el nivel del conocimiento humano --lo que el hombre sabe acerca de un tema, del nivel de lo que la ciencia considera la realidad que maneja en sus estudios. Para la macrofísica los objetos que investiga son objetivos, reales, constituidos por materia gobernada por las fuerzas de la naturaleza, y podemos saber más o menos acerca de su comportamiento mecánico, pero su realidad permanece objetiva, al menos prácticamente (realismo ingenuo), y abierta a las investigaciones de la ciencia; es importante señalar que la Teoría de la Relatividad adopta en sus estudios la perspectiva del observador, pero la realidad de lo estudiado continúa presente. Esta no es la situación de la Mecánica Cuántica en la que los objetos de estudio –los cuantos y sus manifestaciones--, no se presentan con una realidad objetiva, estable y constatable por observación y verificación directa. Los paradójicos fenómenos que se postulan en la Mecánica Cuántica son básicamente ideas construidas para dar sentido y coherencia teórica a los hallazgos experimentales, y se proponen como, 'lo que se sabe'; pero no hay experiencias directas de estos fenómenos. Curiosamente, algunos autores recomiendan limitarse a este 'saber' que es básicamente teórico y, como veremos a continuación, está en constante revisión y es considerablemente polémico. Además, este limitarse a 'lo que se sabe', desgraciadamente frena el interés por continuar explorando teórica y experimentalmente el mundo de los cuantos para alcanzar una visión científica más coherente con los principios básicos del pensar racional.

La Interpretación de Copenhagen que describe el sistema cuántico como una 'función de onda' regida por las ecuaciones de Schrödinger, es la más aceptada por la comunidad científica, pero presenta áreas oscuras y supuestos teóricos no fáciles de aceptar; una de estas áreas es el extraño y enigmático fenómeno de transformación del corpúsculo, de estado de partícula, a onda cuando se moviliza, y de onda a partícula cuando esta colapsa. La ciencia todavía no parece tener una respuesta clara y firme a este proceso. Sin embargo, desde el tiempo de Louis de Broglie (1892-1987) se ha tenido una teoría alternativa a la función de onda probabilística, que concibe esta onda cuántica, como una mezcla de onda y partícula; esta teoría alternativa que comienza con Broglie, que basado en la concepción dual de la luz, propone que la materia puede comportarse como onda en ciertas circunstancias, y que sigue un curso un determinista. Una partícula subatómica tendría entonces características concretas de corpúsculo y de onda en ciertas circunstancias. Estas ideas fueron posteriormente también trabajadas independientemente por David Bohm (1917-1992) con una resultante conocida como Teoría de Broglie-Bohm o Teoría onda piloto, que tiene la ventaja de no presentar los problemas del colapso de la onda, ni las supuestas probabilidades superpuestas de la teoría probabilística, y no se aleja del realismo con el que cuenta la ciencia; es una teoría determinista, sostiene que se podría determinar el curso de las partículas cuánticas si se supiera correctamente su estado inicial. Esta teoría reconoce una función de onda gobernada por las ecuaciones de Schrödinger, pero sostiene que las partículas tienen siempre una posición precisa, aun cuando no sean observadas, y sus cambios son regidos por la ecuación de la onda piloto; en esta teoría el electrón estaría condicionado por la onda, de ahí su nombre: onda piloto. Esta teoría adscribe también a la no-localidad en MC, incluso con una dependencia universal de todas las partículas. La Teoría de Broglie-Bohm no ha logrado desplazar la popularidad de la teoría de función de onda en boga; en parte, porque la teoría probabilística ha cobrado mucha fuerza con su combinación con la teoría de la Relatividad Especial de Einstein para desarrollar el Modelo Estándar. Pero también, porque la Teoría de Broglie-Bohm muestra a su vez, consecuencias extrañas, como cuando afirma que una partícula lanzada sobre una placa con dos ranuras esta pasaría por ambas hendiduras por la influencia de la onda piloto que se divide, lo que constituye un fenómeno muy poco acorde con la física y con el sentido común. Esta explicación, y otras con tintes metafísicos, han levantado críticas, escepticismo, y controversia acerca de esta Teoría de Broglie-Bohm. Es interesante que el físico John S. Bell –autor del conocido teorema de Bell--, se manifestó a favor de esta Teoría de Broglie-Bohm a fines del siglo XX; y no es el único (Sheldon Goldstein) que la ha apoyado a pesar de la fuerte "indoctrinación" a favor de la interpretación probabilística de la onda cuántica. Últimamente se han realizado experiencias macroscópicas con ondas de aceite sobre el agua, y se han destacado paralelismos significativos con las ondas cuánticas frente a dos ranuras en una barrera, con ello se abre un campo interesante de estudio que reactualiza la teoría 'onda piloto'; pero habrá que esperar los resultados de las exploraciones teóricas y experimentales sobre esta materia, antes de evaluar el impacto que estos hallazgos tengan sobre las interpretaciones de la Mecánica Cuántica. (Wolchover N. 2014; Falk, D. March 16, 2016)

Pero la Teoría probabilística de la función de onda, no solo tiene que enfrentar una teoría alternativa que intenta dar cuenta de los fenómenos cuánticos, sino que además, las ecuaciones matemáticas que describen esta onda, son susceptibles de diferentes explicaciones que son matemáticamente consistentes, y se considera que son empíricamente equivalentes; aún más, esta teoría es en sí misma muy discutida por sus muchas paradojas, incógnitas y especulaciones de carácter metafísico; por lo que se cuenta con físicos (P. Dirac, Einstein, Schrödinger) que son escépticos o la catalogan como una teoría provisoria, a lo que contribuyen los muchos aspectos de esta teoría que entran en franca colisión con las más elementales evidencias e intuiciones de la vida en el mundo habitual, incluyendo la lógica, como es el postular la superposición –existencia--, simultánea de estados contradictorios, como lo ejemplifica claramente la inseparabilidad –superposición—causal: coexistencia de causa actuando, con la misma causa no actuando, perdiéndose de este modo, el orden causal para los sucesos, y alterando la secuencia temporal de pasado y futuro en este estado de superposición cuántica: A antes de B, y B antes de A, ocurriendo al mismo tiempo. Se ha comentado que si se aceptan estas incongruencias cuánticas, se puede creer en cualquier especulación en nombre de la ciencia físico-matemática: Teoría de las cuerdas, de Multiunivesos, etc. No es sorprendente por tanto que la Interpretación de Copenhagen sea polémica, enfrentando cada vez más interrogantes y revisiones; y por tanto, no se puede afirmar que sus explicaciones y supuestos teóricos estén firmemente establecidos. Simplemente no tenemos una visión unánime en ciencia de lo que es exactamente la 'realidad' cuántica que se está estudiando; las teorías que apoyan la presencia de los fenómenos paradójicos cuánticos, están bajo constante escrutinio y revisión. Y la 'realidad' más profunda que se postula más allá de estos fenómenos paradójicos --que no son percibidos, sino construidos teóricamente para apoyar la elaboración teórica de los hallazgos experimentales--, es altamente especulativa. De manera que emitir juicios precipitados acerca la indeterminación de esa 'realidad' 'fenoménica' cuántica, y realizar extrapolaciones a la macrofísica son, en el mejor de los casos, apresurados y triviales.

Pero, aún sin estas consideraciones que sitúan a la Mecánica cuántica como una teoría en revisión, la extrapolación del supuesto indeterminismo cuántico a la macrofísica presenta varias dificultades, entre la que cabe señalar que se trata de dos mundos que se presentan al estudio científico de manera muy diferente, cuya comprensión global, no puede reducirse exclusivamente a una visión científica de un terreno limitado como es la física cuántica, con tantos interrogantes que la acosan; esto significaría caer en una especie de 'cientifismo' privilegiado dentro de la ciencia misma. Más aún, esta 'indeterminación', se presenta en algunos casos, como una apertura al futuro, sin condicionamiento alguno –al azar natural con el que todo es posible--, que como hemos repetido, significa básicamente el cese del pensamiento racional. Aceptar esta indeterminación a-causal, implica renunciar a toda explicación posible. En suma, cuando se habla del "indeterminismo" cuántico se refiere a la incapacidad humana de predecir el curso de los sucesos considerados a partir de los conocimiento vigentes, básicamente a consecuencia de la ausencia conocimientos teórico/experimentales adecuados, sean o no posibles de lograrse en el momento actual. Este "indeterminismo" no es producto del azar natural incondicionado, pensar o sugerir que lo es, significa sumergirse en la irracionalidad absoluta, con la paralización de la ciencia, y de la metafísica/teología. Tratar de implantar un "indeterminismo natural" en el mundo habitual de la macrofísica en nombre de la Mecánica Cuántica, para justificar el libre albedrío o, dejar una hendija en el determinismo científico para permitir la acción de Dios o, sea por el motivo que sea, no solo es más que discutible, sino que es claramente inapropiado e imprudente. Incluso, además implicaría –en el mejor de los casos, si la postura de la microfísica fuera más firme--, la aceptación de un reduccionismo científico –cientifismo--; un dogmatismo ideológico insostenible.

El riesgo de las especulaciones desmedidas en física cuántica.

Las investigaciones teóricas y de laboratorio continúan para resolver las incógnitas que presenta la MC, es de esperar que se logre un entendimiento mejor de estos extraños fenómenos cuánticos, pero también es de esperar que en este escudriñar la naturaleza y elaboración de teorías físico-matemáticas, la ciencia no se deslice en especulaciones fuera de su campo metodológico que la alejen de la realidad y la conviertan en una fantasía absurda e inoperante. (Penrose, R., 2003. Penrose, R., 2009). Este comentario resulta pertinente, porque la física cuántica se mueve en las márgenes de la ciencia posible y por tanto resulta fácil caer seducido por especulaciones extravagantes que pretenden explicarlo todo, perdiendo las bases empíricas directas e indirectas, propias de la buena ciencia. A propósito de esta situación es oportuno citar por ejemplo, las investigaciones teórico-experimentales acerca de la existencia de un trasfondo en el vacío cuántico (ausencia de partículas, y ondas) en el que el espacio-tiempo –en muy minúsculas dimensiones imposibles de 'ver'--, se enrolla y desenrolla espontáneamente –fluctuación cuántica--, apareciendo y desapareciendo como burbujas la energía atrapada; por estas características, bullente e inestable, se denomina este dominio, zona de burbujas cuánticas o partículas virtuales, que llena el vacío cuántico. Estas 'partículas virtuales' (más bien campos de energía) rodean naturalmente las partículas subatómicas, y serían responsables de su origen y de los asombrosos e inesperados sucesos que se observan en ellas (desorden de las secuencias temporales y causales, superposición de estados antagónicos, etc.). Estas partículas virtuales no se pueden 'ver', pero se sostiene que se podrían medir experimentalmente sus efectos y sus consecuencias. Pero lo interesante es que estas partículas, en estas 'observaciones', aparecen y desaparecen –"de la existencia". De modo que este substrato de energía que llena todo el universo como una nube, es considerado por algunos científicos como la fuente de la existencia de las partículas cuánticas y sus extraños comportamientos, y por ende, de todo el universo; se trataría de un trasfondo de 'realidad última', de la que se deprenderían los fenómenos cuánticos y así, de todo lo existente. Y aún más, para otros, con este substrato de burbujas bullentes, se abre un fondo en el que rige el azar indeterminado, en el que todo es posible, sin vestigio de inteligencia ni propósito alguno. Conviene recordar en relación con esta intrépida interpretación, que ninguna causa puede generar directa o indirectamente lo que no posee; en otras palabras, ese fondo así concebido, no puede dar origen al universo que conocemos, y del cual somos parte. Naturalmente esta área de investigación del área cuántica es incipiente, y está sometida a revisiones y diversas interpretaciones.

Sin duda el campo de investigación de la física cuántica es fascinante, nos lleva a los confines de lo cognoscible por la ciencia y su metodología, y con ello nos pone en contacto con otras áreas de indagación: la metafísica y la teología. Y lo importante de subrayar es, que la ciencia debe reconocer límites y no a aventurar conjeturas ni juicios especulativos de carácter metafísico, aunque se adornen con ropaje matemático. La ciencia en estas situaciones, debe --con sabiduría--, ejercer cautela, y complementarse con otros saberes humanos que se logran con supuestos diferentes y consideraciones ajenas a su metodología y metas, en búsqueda de entendimiento del mundo en que vivimos.

Antes de terminar esta sección del trabajo dedicada a la física cuántica, considero importante aclarar que los comentarios críticos expresados, van dirigidos a señalar lo inadecuado de la actitud de aceptar los paradójicos fenómenos cuánticos como carentes de condicionamiento y de causa, y de postular el indeterminismo a este nivel de la microfísica, con proyecciones a la realidad total. La paralización de la ciencia, y las conclusiones de carácter metafísico que se formulan, no son apropiadas ni justificadas para la ciencia. Los fenómenos cuánticos sin duda, no son todavía bien entendidos, y las teorías que los sostienen no gozan de una aceptación firme y consolidada, y de hecho son controversiales y están en constante revisión; es claro que queda mucho terreno que recorrer en el campo de la microfísica. Pero esto no significa desconocer o rechazar que en esta esfera de la micro realidad, nos encontramos con fenómenos realmente asombrosos e inesperados, que si se logran confirmar algunas de sus extrañas características, sin duda contribuirán al entendimiento de muchas incógnitas en el comportamiento de las estructuras de niveles superiores, y de seguro, conjuntamente se multiplicarían sus aplicaciones tecnológicas. (McFadden, J., 2014)

Con este capítulo pongo fin a la esquemática excursión por la ciencia contemporánea que he elegido como punto de referencia para precisar la noción de azar, y clarificar su uso, particularmente en la ciencia misma. En el próximo apartado revisaremos el tema de la causalidad, al que – como hemos visto--, la noción de azar se relaciona en forma muy significativa.

Bibliografía:

1. McFadden, Johnjoe (October, 2014). Life is Quantum. En: Aeon. https://aeon.co/essays/quantum-weirdness-is-everywhere-in-the-living-world

2. Falk, Dan (March 16, 2016). New Support for Alternative Quantum View. En:Quantamagazine: https://www.quantamagazine.org/pilot-wave-theory-gains-experimental-support-20160516/

3. Penrose, Roger, (2003). Fashion, Faith and Fantasy in the New Physics of the Universe, Lecture 1: FASHION. Princeton University. http://www.listeningtowords.com/lecture.php?id=327

4. Penrose, Roger, (2009). Discover Interview: Roger Penrose Says Physics Is Wrong, From String Theory to Quantum Mechanics. En< Discover: http://discovermagazine.com/2009/sep/06-discover-interview-roger-penrose-says-physics-is-wrong-string-theory-quantum-mechanics

5. Wolchover Natalie June 30, 2014. Have We Been Interpreting Quantum Mechanics Wrong This Whole Time? Quanta Magazine. https://www.wired.com/2014/06/the-new-quantum-reality/#slide-1

CAUSALIDAD: ANTECEDENTES FILOSÓFICOS

Breves consideraciones filosóficas.

Para abordar el tema de la causalidad y compenetrarse de su significado e importancia, es necesario hacer una incursión en el terreno filosófico -- por breve que sea--; este es un amplio y complejo terreno que ha sido motivo de reflexiones y debate por siglos. En este trabajo me interesa rastrear la noción de causa en relación a su uso en la ciencia, por lo que me limito solo a bosquejar algunos aspectos filosóficos que he considerado significativos para este propósito. Con este ánimo, nos dirigimos primero a la antigüedad clásica, para encontrar que causa tuvo inicialmente un significado de carácter jurídico --de inculpación o de defensa--, pero en el ámbito de la filosofía, la relación de causalidad fue más amplia e indicaba el pasar "de algo a algo", de acuerdo a ciertas normas o principios que rigen en forma general para esas mismas situaciones; las concepciones de estas normas fueron variadas, pero la importancia de la noción de causalidad fue valorada, y definitiva para la tarea filosófica. Los distintos filósofos griegos señalaron diferentes aspectos de la relación de causalidad, cabe destacar que con los filósofos atomistas se hizo clara su 'necesidad', de modo que 'nada procede de la nada', con lo que se universalizó el nexo causal; y, con Platón se distinguieron las causas primeras --no puramente mecánicas, sino que de carácter inteligible: ideas--, de las causas segundas, esto es, causas sensibles, eficientes, y supeditadas a las causas primeras. Estos dos principios continúan aún presentes en el mundo filosófico de nuestro tiempo, naturalmente que elaborados y modificados por las diferentes perspectivas de la reflexión filosófica. (Mora F., 1994; causa)

Tesis de las cuatro causas de Aristóteles.

Esta tesis es de particular importancia en la historia de la noción de causa en filosofía. Este filósofo propone que las cuatro causas responsables de los cambios y movimientos de los objetos naturales son atributos de su substancia, que es el centro constitutivo de estos objetos. De manera que la causalidad no se reduce en Aristóteles, a una mera relación causa/efecto, sino que está anclada en la realidad misma de las cosas naturales, en su naturaleza. En otras palabras, las causas son la expresión metafísica, responsable de todos los cambios o movimientos que sufre la substancia –el ser mismo--, de los objetos naturales, tanto en sí mismo, como los que se generan en su contacto o relación con lo que le rodean. La substancia está constituida por dos principios metafísicos, la forma y la materia, unidos indisolublemente, para establecer el ser de los objetos naturales; el ser es entonces el producto de la unión de la forma y la materia que originan la substancia, lo que subyace ontológicamente en los objetos naturales; como esta substancia está impregnada de la forma que le otorga sus características esenciales inherentes, se le denomina, forma substancial. La forma, entonces, aporta las características distintivas, propias de todos los objetos naturales; en los seres vivos la forma constituye el alma sensitiva: el principio de vida que los caracteriza, y en el ser humano, su alma intelectiva o racional que le otorga su humanidad. La materia es básicamente de lo que está hecho el objeto, y aporta ciertas potencias que se actualizan con la forma. (Ruiz, F., Junio 10, 2016; C.1. Collado S. y col., 20 Enero, 2017)

La substancia que constituye el ser de los objetos naturales tiene, gracias a la forma, numerosas cualidades, entre las que se debemos destacar, su capacidad de cambio o movimiento. Esta propiedad se encuentra en la substancia en forma de diversas potencias, que requieren de las acciones causales para hacerse vigentes, para ser en acto; particularmente de la causa formal y de la causa eficiente. Las cuatro causas que incluye la propuesta aristotélica, operan coordinadamente en conjunto, y son: la causa formal indica las características esenciales de lo que se va a lograr con la acción causal; la causa material apunta a aquello de lo que está hecho el objeto natural, pero es indeterminada, es potencia que se actualiza específicamente con la forma; la causa eficiente se refiere a lo que hace y logra concretamente el resultado de movimiento y cambio; y la causa final es básicamente la meta que se busca en la operación causal, se describe como una tendencia; esta direccionalidad, señala que la causalidad es dirigida teleológicamente; la meta es el fin de las acciones, pero el impulso teleológico proviene primariamente de la forma, y es 'natural', no es 'intencional'. En una función causal no perturbada, la meta es el bien del objeto natural; esta calificación metafísica se entiende perfectamente para los seres vivos: el bien es el desarrollo y preservación de la vida. Pero en Aristóteles, este bien, es también válido para los seres inanimados, incluyendo los astros; la totalidad del cosmos se mueve hacia la perfección del Motor Inmóvil –identificado como Dios--, perfecto y eterno, que imparte movimiento al cosmos constituyendo su 'fin' teleológico.

Lo importante de recalcar en este esquema, es que la tesis causal metafísica aristotélica intenta entender racionalmente la constitución y los cambios que experimentan los objetos naturales; se trata de un intento de lograr una visión global del movimiento/cambio de la naturaleza, incluyendo la totalidad del cosmos. Para este propósito el filósofo recurre a conceptos metafísicos y a una variedad de acciones causales que cubren los diversos aspectos de la compleja dinámica observada en estos objetos naturales, especialmente los dotados de vida. Los principios causales constituyen la posibilidad del conocimiento racional de la naturaleza; entender algo, es, para Aristóteles, conocer sus causas. La causa final es de particular importancia en esta tesis, puesto que la teleología se encuentra en todo 'movimiento' de la naturaleza, e integra la totalidad del cosmos. Esta tesis da impulso a la filosofía de la naturaleza, de la que en el Siglo XVII, se desprenderá la Ciencia Moderna.

La reflexión filosófica acerca de la noción de causa continuó naturalmente después de Aristóteles, pero no es de particular interés para esta revisión; sin embargo es interesante mencionar que San Agustín enfatiza las causas primeras dependientes de la Divinidad que crea la realidad de la nada; las causas eficientes no las descarta, pero las considera en general, con un valor operativo menor. Este autor usa con frecuencia el término causa como "razón" o "motivo". (Mora F., 1994; causa). Pero más significativo para el desarrollo de la filosofía natural es el aporte de Santo Tomás de Aquino (1225-1274).

Síntesis tomista.

Santo Tomás en el Siglo XIII asimila la doctrina metafísica aristotélica con el pensamiento cristiano, pero esta síntesis encuentra gran resistencia, tanto en los simpatizantes de Aristóteles de su época, como en los teólogos seguidores del pensamiento agustiniano. Después de años de polémicas, el Aristotelismo-Tomista se asienta en el ámbito escolástico, para ganar renovada fuerza el Siglo XIX con el nombre de Neotomismo. (Ruiz, F. 2014; C. 1)

Aquino encuentra que la observación y la experiencia acreditan la noción de substancia, y adscribe a la propuesta metafísica aristotélica, pero la refina y la complementa. El principio metafísico forma, es la fuente de las cualidades, actividad y conducta de los objetos naturales, y junto con el principio metafísico de materia prima, conforman la substancia –forma substancial--; la materia pasa así, a ser materia segunda, responsable de la individualización de los objetos naturales (la materia determina la cantidad –accidente--, del ente existente: la substancia). La modificación más relevante de Santo Tomás es que las cosas y sus principios metafísicos, no son por naturaleza como en Aristóteles, sino que son creados por Dios –de la no existencia, ex nihilo--; primariamente, la forma y la materia, que conforman la forma substancial, y son el soporte de las cuatro causas. De esta manera, gracias a las cuatro causas se separa el conocimiento de la ciencia del universo y de su contenido, del conocimiento de la Creación; dos áreas distintas de estudio y conocimiento. La causa formal, deriva del principio metafísico forma, que es una idea ejemplar (modelo) en la mente de Dios. La causa final guía a las demás causas, particularmente a la causa eficiente, sin esta causa, la actividad causal sería desordenada, casual. Es posible que la causa final guíe a las otras causas a un contenido aún inexistente, porque ese contenido existe previamente en la forma, que es idea ejemplar de Dios. (Ruiz, F., Junio 10, 2016; C.2)

La relación de la causa formal y de la causa final es estrecha en Santo Tomás, y podríamos agregar, es bastante compleja, como también lo es la relación de la causa final con la causa eficiente; pero no corresponde a esta breve reseña revisar las sutilezas y dificultades que pueda presentar la filosofía Aristotélico-tomista. Solo me interesa señalar que la causalidad es un tema estudiado en detalles por esta corriente filosófica, y que su complejidad requiere de un soporte metafísico, y también teológico, si ha de explicar la totalidad de los cambios y movimientos observados en el mundo. Las causas que explican los cambios naturales, son para estos filósofos, verdaderas y necesarias.

En el próximo apartado veremos algunos aspectos de la emergencia de la Ciencia Moderna en el Siglo XVII, que abandona la filosofía natural y cambia la perspectiva de la causalidad.

Bibliografía:

1. Collado, Santiago; Velázquez, Héctor (20, Enero, 2017). ¿A qué se llama determinismo en ciencia? En: Grupo Ciencia, Razón y Fe. http://www.unav.edu/web/ciencia-razon-y-fe/a-que-se-llama-determinismo-en-fisica

2. Mora, Ferrater (1994, ed. Revisada). Diccionario de Filosofía: Causa. Editorial Ariel. Barcelona.

3. Ruiz, R. Fernando (Febrero 8, 2014). Neotomismo, Mecanismo y Diseño Inteligente. OIACDI.

4. Ruiz, R. Fernando (Junio 10, 2016). Hilomorfismo. De la Teleología al Diseño Inteligente en Biología. OIACDI.

CAUSALIDAD EN LA CIENCIA MODERNA

Revolución Científica del Siglo XVII y XVIII.

La filosofía natural mantenida en la tradición aristotélico-tomista durante la Edad Media, va a dar paso a una concepción diferente del estudio de los objetos naturales, a fines del Renacimiento; un fenómeno cultural que se conoce como la Revolución Científica del Siglo XVII. Este movimiento intelectual emana en el complejo clima cultural que se gestó en ese periodo, a consecuencia del debilitamiento de algunas tradiciones, y la emergencia y vigorización de otras ideas y creencias; solo para mencionar algunas, anoto: el desgaste del pensamiento del aristotelismo-tomista por las disputas filosóficas en el seno de la escolástica, y el impacto de la Reforma con una lectura de la Biblia (y de la naturaleza) histórica literal, sin simbolismos ni alegorías; el auge del humanismo y racionalismo filosófico; el acrecentamiento de ideas neoplatónicas y del escepticismo; la popularidad de las creencias en astrología y en la alquimia; la centralidad que cobra el hombre y la naturaleza en el pensamiento y el arte de la época; etc. El dramático cambio que sufre la exploración científica del mundo natural, derrumbó numerosas ideas tradicionales mantenidas por siglos, así: la Tierra como centro del universo, es reemplazada por el heliocentrismo, la continuidad de la materia se fragmenta, y muchas otras concepciones firmemente establecidas, de las que nos interesa recalcar particularmente, la tradicional Tesis de las cuatro causas de carácter metafísico, que fue sustituida por una noción de causalidad observable y medible. La ciencia de ser una actividad fundamentalmente deductiva de primeros principios, va a dar paso a una concepción más concreta, basada en la observación, la medición, y la experimentación. Así nace, con renovación y empuje, la nueva ciencia: la Ciencia Moderna.

En este movimiento de renovación del pensamiento y de la metodología de la ciencia de la naturaleza, participan numerosos científicos e intelectuales, con aportes importantes para el desarrollo de la ciencia; entre los que cabe mencionar a Nicolaus Copernicus (1473-1543), Johannes Kepler (1571-1630), William Harvey (1578-1657), Robert Boyle (1627-1691), y muchos otros. Pero es necesario destacar la participación de Francis Bacon (1561-1626) por su preocupación por la metodología científica para que tomara un camino de observación e inducción, siguiendo procedimientos planificados –experiencias--, para desentrañar los poderes naturales, y manejarlos provechosamente para el servicio de los seres humanos. Y es precisamente Galileo Galilei (1564-1642), el científico que se distingue por el desarrollo de la manipulación experimental en física, y la matematización de las teorías científicas, mostrando una gran fe en la precisión y en la objetividad que aportan a la ciencia; las matemáticas son para este científico, el instrumento –el lenguaje--, para poder leer el libro abierto del universo. (Mora F., 1994; causa) Con la experimentación defendida fuertemente por Galileo, se introduce en la ciencia que nace, la posibilidad no solo de conocer los secretos de la naturaleza, sino que también el poder de controlarlos y cambiarlos (en la tradición aristotélica esto significaría violentar la naturaleza). Pero el florecimiento de la Ciencia Moderna; y la aparición de organizaciones y sociedades científicas colaterales que la acompañan, no son el tema central de este artículo.

La concepción de la naturaleza y su funcionamiento, de René Descartes (1596-1650), apoyaron muy significativamente esta Revolución científica, aunque este filósofo no fue particularmente proclive a la experimentación, que es un rasgo distintivo de la ciencia Moderna; su perspectiva es más bien racionalista, que empirista. Descartes expone su visión científica con el carácter mecanicista de la filosofía mecánica que imperaba en su época y que había hecho suya, pero lo hace en conexión con su metafísica, con la cual intenta proveer una base firme a su concepción mecánica. De esta manera conserva lazos con la tradición aristotélico-tomista, pero se separa significativamente de la estructura metafísica de las cuatro causas que caracterizaba la filosofía natural tradicional. Este cambio de concepción de la ciencia que nos presenta Descartes, nos permite entender los beneficios que aporta la nueva Ciencia moderna; pero así mismo, nos posibilita ver la fuente de sus limitaciones. Es entonces importante detenernos un momento en un breve bosquejo de esta significativa transformación en la concepción de la ciencia natural.

Como es bien sabido el método cartesiano de la Duda metódica, es el proceso racional sistemático para alcanzar la certeza de ideas simples, claras y distintas, que destilan la verdad; Descartes afirma que el pensar –aunque incierto o equivocado--, nos revela la certeza de que pienso, de que existo, de que soy una 'substancia pensante', lo que nos hace a su vez --claro y distinto--, que las cosas externas a nuestra substancia, son extensas. Y no siendo la extensión, esencial a nuestro yo pensante, nos es claro y distinto de que lo externo, se trata de una 'substancia' separada, con un modo de ser propio: la extensión. Estas son dos substancias que se definen por sus contrastes, y su sustancialidad es garantizada por Dios (para probar la existencia de Dios, Descartes usa una Prueba ontológica, en conexión con la substancia pensante). De este modo Descartes presenta una visión metafísica dualista de la realidad, lo material extenso (res extensa) y lo inmaterial pensante (res cogitans): dualismo; pero si consideramos la presencia necesaria de Dios para sostener las substancias, tenemos tres constitutivos de la 'realidad'. Con el dualismo cartesiano, el cuerpo humano queda bajo el dominio de la física mecanicista, como una especie de máquina, y los animales como meras máquinas. Descartes comienza su física con esta base metafísica – substancia extensa--, y descarta la forma y materia prima, del aristotelismo-tomista como lo constitutivo de la substancia de los objetos naturales. Este filósofo no puede aceptar –le resulta ininteligible--, que la forma substancial, sea la fuente causal de las propiedades de estos objetos, como: el calor, el frío, la humedad, la sequedad, y otras; puesto que estas cualidades son de carácter 'mental'. Descartes va explicar estas cualidades en base a atributos empíricamente cuantificables del tamaño, forma y movimiento en la substancia extensa (distinción de propiedades primarias/secundarias, ya presente en esa época); las propiedades secundarias pasan a la esfera de lo mental. Para justificar las propiedades de la substancia extensa, Descartes recurre a los hechos y a las observaciones extraídas por la reflexión racional de conceptos, o de la experiencia cotidiana de los aspectos más fundamentales de la realidad. En otras palabras, Descartes utiliza su Método de la Duda Metódica para alcanzar ideas simples claras y distintas de carácter metafísico, que sirvan de apoyo a los procesos físicos y sus leyes. Es importante subrayar una vez más, que la ciencia cartesiana apoya sus mediciones físicas en nociones metafísicas; en este sentido, es interesante que Descartes crítica la ciencia de su contemporáneo Galileo, por ignorar las primeras causas de la naturaleza, reduciéndose a buscar las explicaciones de unos pocos efectos particulares, sin fundamento que las sostenga. Descartes considera que los matemáticos puros están solo preocupados en encontrar ratios y proporciones, mientras que los filósofos de la naturaleza intentan entenderla. Esta herencia metafísica de la tradición escolástica aristotélica-tomista, se va a perder definitivamente con el desarrollo de la Ciencia moderna, como lo podemos apreciar claramente en la Ciencia contemporánea. (Slowik, E. Aug. 2017)

El rasgo definitorio de los objetos naturales es entonces, la extensión; sus cuerpos están definidos por el espacio (largo, ancho y alto, de ahí la importancia de la geometría para este pensador), el espacio no es independiente de la corporalidad; Descartes identifica la materia con el espacio, y tampoco el 'tiempo' es algo independiente de la substancia extensa, es solo una abstracción de: la "duración" de los cuerpos particulares, que es un atributo de la substancia; el tiempo no juega un rol primario en la física cartesiana. Descartes también rechaza el 'atomismo' (presencia de partículas fundamentales 'indivisibles'), puesto que la extensión es siempre –infinitamente--, 'divisible', si no prácticamente para los hombres, sí para Dios. Así mismo, Descartes rechaza el 'vacío', y propone una 'substancia sutil', en vez del éter tradicional, para la propagación de la luz, y para llenar los intersticios entre los corpúsculos. Las unidades materiales de la física cartesiana son los "corpúsculos", que son divisibles; y el movimiento de estos corpúsculos, es definido como cambio de relación con los que le rodean (una especie de cambio de vecindario); se trata entonces, de una traslación relacional, esto es, en el movimiento participan el corpúsculo individual que se 'mueve', y el contexto: el vecindario de corpúsculos que participan en la definición relacional de movimiento. Esta descripción es una definición de movimiento, externa y de referencia a la inmediatez contigua de otros corpúsculos –o cuerpos--, (en relación a los vecinos). El movimiento individual tiende a la línea recta, pero el conjunto de cuerpos en movimiento, es circular. Y al igual que el tiempo y el espacio, el movimiento está referido a los corpúsculos concretos. No se trata de dimensiones abstractas independientes de la substancia extensa. Según Descartes el movimiento está en el mundo desde su Creación por Dios, que lo preserva y mantiene constante en las interacciones: colisiones; toda acción y reacción en este sistema –causalidad--, se ejercen mediante estas colisiones, esto es, por contacto (choques e impulsos). Las leyes que rigen el movimiento son también dadas por Dios, y de este modo rigen los cambios y transformaciones que suceden en la naturaleza. Es importante señalar que en esta concepción cartesiana de la física, no hay una tesis que proponga 'fuerzas' responsables del movimiento, aunque habla de 'fuerzas' y 'tendencias' –como impulsos iniciales--, al movimiento; por ejemplo: seguir en una línea recta, o al reposo: inercia, o como propiedades –modos--, de la substancia extensa; y también habla de 'determinación' al movimiento sostenido actual de los cuerpos, así mismo referida a 'modo' de la extensión. Pero no se trata en estos casos, de una clara propuesta de la presencia de una 'causa eficiente' responsable de los movimientos, propia de la substancia extensa, porque Descartes también sostiene que la extensión es la esencia de la materia, y que los movimientos y sus características, han sido creados y mantenidos por Dios; básicamente esta es una situación ambigua, poco clara. (Slowik, E. Aug. 2017) Pero no es el propósito de este artículo presentar detalles de la física ni de la cosmología cartesiana, ni revisar las reglas de las colisiones, ni las leyes del movimiento que presentó Descartes en el desarrollo de su tesis (principio de conservación de movimiento e inercia), ni tampoco el señalar los errores cometidos en sus análisis de la complejidad del movimiento de los cuerpos. Solo menciono que esta tesis entra en varias dificultades y en inconsistencias, en parte por su concepción metafísica de substancia extensa independiente, y su teoría relacional de movimiento –participación de dos o más corpúsculos, supuestamente todos independientes--, porque resulta difícil compaginarlas ontológicamente.

En el próximo capítulo subrayaremos los cambios que trae la concepción de la Ciencia Moderna, y sus consecuencias, al abandonar las dimensiones metafísico teológicas de la tradición, y centrarse en la observación y medición.

Bibliografía:

1. Mora, Ferrater (1994, ed. revisada). Diccionario de Filosofía. Editorial Ariel. Barcelona.
2. Slowik, Edward. (July 29, 2005, revisado en Aug 22, 2017). Descartes' Physics. En: Stanford Encyclopedia of Philosophy. https://plato.stanford.edu/entries/descartes-physics/

IMPLICACIONES DEL CAMBIO DE
PERSPECTIVA DE LA CIENCIA MODERNA

Desplazamiento de la metafísica en la Ciencia moderna.

La tesis cartesiana físico-metafísica de la realidad que hemos esbozado anteriormente, presenta varios puntos que van a continuar desarrollándose y caracterizando a la Ciencia moderna, y además, señalan claramente las significativas diferencias con respecto a la tradicional filosofía natural aristotélico-tomista. Sin duda la más contundente transformación que trae la Revolución científica, es la concepción de los cuerpos materiales, de una visión compleja de fundamento metafísico, que envuelve cuatro causas que explican los cambios y dinámica --interna y externa--, de los objetos naturales en su unidad metafísica y funcional, a la concepción de una substancia material, genérica, siempre potencialmente divisible en corpúsculos, cuya característica esencial es la extensión. Con esta concepción corpuscular, se abandona la concepción tradicional de la materia como uniforme y continua de la forma substancial. Ya no se trata de objetos naturales complejos y unitarios, sino que de corpúsculos inertes, constitutivos de toda la realidad física del mundo, incluyendo los cuerpos de los seres vivos. Los cambios que sufren los cuerpos materiales son el resultado del movimiento y de las colisiones de estos corpúsculos. La realidad física queda reducida así, a una actividad meramente mecánica. Estas características corpusculares de la materia y sus interacciones, ha continuado a lo largo de la historia de la Ciencia moderna, así aparecen las moléculas, los átomos, y las partículas subatómicas que se continúan explorando en búsqueda de otros 'corpúsculos' más elementales; frente a este cuadro corpuscular de ricas y complejas interacciones, es posible hablar de neo-mecanicismo como un rasgo distintivo de la evolución de la Ciencia moderna. La corpusculación de la realidad generada en ciencia, ha reducido los seres animados a meros conjuntos de diversos 'corpúsculos', con la consecuente dificultad –imposibilidad--, de explicar la complejidad de las estructuras que soportan la vida, con el miope mecanicismo que impera en ciencia desde el Siglo XVII. Es cierto que la física cuántica nos indica la presencia significativa de estados ondulatorios, en los que resulta difícil hablar de neo-mecanicismo en términos corpusculares y de fuerzas que conducen sus interacciones; pero los estados ondulatorios comparten su miopía en el sentido que no hay meta que los dirija más allá de sus posibilidades inmediatas, no cuenta con una capacidad intrínseca de organización (la tradicional causa final); esta ausencia es considerada por algunos filósofos, distintiva del mecanicismo, y sus derivados.

En la visión física material de Descartes, la metafísica es palpable, el espacio y el tiempo están referidos a la substancia, al igual que el movimiento; pero este es creado y mantenido por Dios. La divinidad no desaparece en esta tesis, pero no interviene directamente en las operaciones físicas que siguen las leyes también creadas. Dios está presente en los orígenes y en la mantención de la actividad física, que se desarrolla en forma independiente, pero de acuerdo a sus designios. La concepción metafísica de substancia extensa, genera dificultades con la conceptualización del movimiento en Descartes; no es de extrañar entonces, que los elementos metafísicos, y teológicos explícitos en física, desaparezcan con la progresiva matematización de los fenómenos físicos, con la incorporación, primero de la fuerza de gravedad y luego de la fuerza electromagnética, y más recientemente las otras dos fuerzas fundamentales de la naturaleza: las fuerzas nucleares, mayor y menor; estas fuerzas van a tomar el control de los movimientos y transformaciones que sufre la materia en el curso del tiempo. Tampoco la metafísica/teología encuentran aliento en la observación y en la experimentación controlada y consensuada, ni en las exigencias metodológicas de evidencias empíricas (directas o indirectas) para construir teorías que se va a imponer en la actividad de una buena ciencia.

Riesgos y beneficios de la transformación de la nueva concepción de la ciencia.

La eliminación de las cuatro causas de la filosofía natural en la física cartesiana, quedándose solo con una posible –ambivalente--, causa eficiente del movimiento, como hemos señalado, sin la compañía de las otras causas, significa que esta posible causa eficiente no goza de la dirección de la causa final alimentada por la causa formal. Se podría decir que en la física de Descartes, esto no tendría mayor importancia, ya que Dios juega un papel fundamental en la génesis y mantención del movimiento en el mundo, y de sus leyes. Dios está en el trasfondo de lo que ocurre; conviene recordar que el movimiento/transformación en la filosofía natural, tienen un significado metafísico importante, como es el paso de lo que solo es en potencia, a ser en acto, a ser actual; esta transformación constituye un avance hacia el 'bien' de los objetos naturales; en cambio, para la Ciencia moderna, el 'bien', queda reducido a los beneficios tecnológicos producto del control y manejo de las fuerzas naturales.

Con la pérdida del soporte metafísico en la Ciencia moderna, el movimiento pierde las connotaciones ontológicas, para reducirse el interés científico, solo al movimiento en sí mismo, en su externalidad y medición. El movimiento no va a ser ya producto de las cuatro causas aristotélicas, ni tampoco va a gozar de la dirección regida por las leyes cartesianas del movimiento, dadas por Dios, otorgándoles objetividad, poder e inmutabilidad (en Newton todavía encontramos la voluntad de Dios apoyando las leyes y relaciones físicas); sino que con el desarrollo de la ciencia nueva, las leyes se vuelven matemáticas, conservando el poder, la objetividad y la inmutabilidad para dirigir los movimientos y transformaciones de lo material. De este modo, las leyes del movimiento pasan gradualmente de ser respaldadas por la Divinidad, a ser sostenidas –en forma matemática--, básica y tácitamente por la naturaleza misma de la realidad. La ciencia bajo la influencia de ideologías materialistas, y también por sus evidentes éxitos, se 'naturaliza' completamente en el siglo XIX, desconectándose de cualquier influencia externa que la dirija y sostenga; cae en la increíble ilusión que se basta a sí misma con sus leyes y su metodología para explicar –en principio--, lo que sucede en toda la naturaleza. Sin embargo, en los últimos tiempos, como veremos más adelante, los filósofos de la ciencia frente a la maleabilidad del cuerpo teórico de la ciencia, se afanan nuevamente por encontrar un fundamento sólido a las leyes naturales, y muchos vuelven a recurrir a elementos metafísicos para asegurar su universalidad y estabilidad.

Con la pérdida de la estructura metafísica y la desaparición del soporte teológico, que todavía perdura en Descartes y, además, con el fortalecimiento posterior de la 'causalidad motora' en física con la incorporación de las fuerzas fundamentales de la naturaleza, la falta de dirección y guía en la 'causa eficiente' de la nueva ciencia, va a significar que su única meta reconocida, es el resultado inmediato de las fuerzas que la hacen posible, con una respuesta limitada a (+) o (-), sin contar con ninguna otra meta que la conduzca a generar una complejidad organizada con propiedades específicas. En otras palabras, la deja invalidada para dar cuenta adecuada y satisfactoria de fenómenos fundamentales 'observados' en la historia del universo, como es la aparición de las estructuras que hacen posible la vida. Además, la pérdida de la causa formal priva a los seres vivos, del principio de vida (alma) que los anima, y los deja reducidos a meras máquinas mecánicas, compuestas de 'corpúsculos', en el caso de Descartes, pero luego con el progreso de la ciencia, de moléculas y de átomos, y en los últimos tiempos, de partículas subatómicas. Con esta 'corpusculación' –fragmentación--, interminable de la materia y, sin ya la participación de la Divinidad en la ciencia materializada, llegamos a la generación del absurdo reduccionismo –materialista--, de identificar el 'principio de vida', con las estructuras bioquímicas de las estructuras que la hacen posible, pero que no son la vida que las anima; en otras palabras, 'la vida' es reducida a lo meramente material.

Con este giro de la ciencia natural fraguado en la Revolución científica del Siglo XVII y XVIII, dirigido hacia índices empíricos, susceptibles de ser medidos y sometidos a cálculos y expresados en lenguaje matemático, sin duda dejó de lado una serie de consideraciones de suma importancia en la comprensión de la realidad del mundo y de la vida. Sin embargo, la reducción de la ciencia, a esta zona manipulable y medible de la complejidad de la realidad natural, ha sido de notable e innegable productividad en sus aplicaciones tecnológicas. La precisión, la simplificación y la aplicabilidad práctica de los conocimientos de la ciencia física, ha llevado a mucha gente a considerarla un conocimiento muy especial y 'verdadero', a juzgar por los magníficos resultados prácticos, ignorando su parcialidad y perspectivismo metodológico, con teorías siempre en revisión. Este sentimiento, junto a la creciente prevalencia de la ideología materialista que se ha adosado a la ciencia para fortalecerse y ganar credibilidad, ha generado un dogmatismo naturalista en la actividad científica, y ha fomentado un cientifismo que desdeña las consideraciones metafísico/teológicas como subjetivas y espurias; y como consecuencia, ha aislado el conocimiento científico de otros conocimientos que pueden modular su visión parcelar y limitada del mundo. Esta es una situación lamentable, que no solo daña el avance de la buena ciencia, sino que además, entorpece la elaboración de una visión más amplia y satisfactoria de la realidad que vive el ser humano, presentando un mundo matemático, abstracto y empobrecido que se pretende que es la realidad esencial de la naturaleza y de la vida. (Fernández-Rañada, A., Ext. 2008)

Descartes es un filósofo racionalista, y como tal, el racionalismo es de notoria influencia en su filosofía natural. Sin interés de iniciar una historia de la ciencia, considero oportuno mencionar que con Isaac Newton (1643-1727) y su influencia, se generan cambios importantes en la concepción y metodología de la ciencia física. El racionalismo de sus antecesores es remplazado en parte, por una metodología más empirista, pero acepta lo inobservable: fuerza de gravedad con atracción extrínseca a los cuerpos que los consideró inertes (la concepción de la gravedad como inherente a la materia se debe a Roger Cotes que escribió el prefacio de la edición de 1713 de Principia de Newton); con la incorporación de esta fuerza, la mecánica rompe con la celda de la acción por contacto cartesiana, para incorporar la acción a distancia. La matemática de ser un fundamento de la ciencia, pasa a ser un medio útil para medir y manejar la dinámica de los fenómenos mecánicos; con esta perspectiva, las leyes físicas o de la naturaleza, cobran un perfil muy importante para el conocimiento de la realidad natural. La causalidad es considerada universal, nada ocurre sin 'razón', sin una regla –leyes naturales (mecánicas)--, que permiten predecir los sucesos: se establece un determinismo mecanicista en la naturaleza. Galileo también se distingue de Descartes en varios aspectos; define el movimiento y lo trabaja con las matemáticas, su preocupación científica se centra en las relaciones matemáticas del espacio tiempo, y en la elaboración de axiomas, sin consideraciones metafísicas. Para este científico, estas relaciones se dan en la razón, y utiliza deducciones a partir de definiciones y principios obtenidos por generalización inductiva; pero al igual que Descartes, las propiedades que no son posibles de medir y someterse a cálculo, quedan relegadas a la esfera de las propiedades secundarias (subjetivas).

En el próximo apartado revisaremos brevemente las dificultades que entraña la noción de causa en general, e intentaremos esbozar una definición de esta noción, ateniéndonos a las enseñanzas básicas de la ciencia.

Bibliografía:

1.   Fernández-Rañada, Antonio (Extraído de: "Los científicos y Dios"). La pregunta de Leibniz en los múltiples mapas de la realidad. En Blog: "Dios y la ciencia". http://frasesdedios.blogspot.com.es/2014/03/la-pregunta-de-leibniz-y-los-multiples.html

DIFICULTADES DE LA NOCIÓN DE CAUSA

Resistencia a las ideas de causa propuestas por el racionalismo.

Descartes como ya he indicado anteriormente es un filósofo racionalista, y esta inclinación se nota en su método de la Duda Metódica, su uso de la matemática (fundamentalmente la geometría) como fundamento de su visión de la realidad material, y en los análisis que realiza; Descartes considera la relación causa-efecto como necesaria, al igual que en la lógica. También se encuentran elementos racionalistas en otros físicos de importancia en la Revolución Científica (Newton, Galileo, y otros). Pienso que es importante agregar algunas notas acerca de la reacción de la filosofía de esa época, a las propuestas de los intelectuales racionalistas, incluyendo las que se hicieron desde el terreno de la Ciencia moderna. Con esta reacción, se iniciaron interesantes debates filosóficos acerca de la causalidad que es necesario conocer para comprender la complejidad y las dificultades en precisar la noción de causa. Los filósofos racionalistas (R. Descartes, B. Spinoza 1632-1677; G.W. Leibniz (1646-1716, y otros) tendieron a hacer una equivalencia de 'razón y causa', con lo que la relación 'causa-efecto' (en la esfera de sucesos físicos) se hizo similar, o igual, a la relación 'principio-consecuencia' (en el ámbito de las ideas). Estas equivalencias engendraron dificultades conceptuales para distinguir el sentido y significado de estas nociones; y también surgieron dificultades para entender la relación (efectiva) de una causa, con su efecto. Posteriormente, David Hume (1711-1776), critica los supuestos racionalistas, desde su estricto empirismo filosófico; este pensador simplemente consideró que no hay ninguna razón para que frente a lo que se llama 'efecto', ha de haber invariablemente una causa; en nuestra experiencia se observan numerosos fenómenos continuos y repetitivos, que no consideramos ligados causalmente; por ejemplo la sucesión de día y noche; soltar un objeto y caer. Hume sostuvo que en este tipo de fenómenos que se repiten igualmente, solo podemos afirmar con rigor empírico, que un acontecimiento sucede invariablemente a otro, no hay evidencia de un poder o necesidad que permita hablar de relación causal; la relación entre hechos heterogéneos es meramente contingente, las relaciones necesarias para este pensador, se presentan solo entre ideas: principio-consecuencia; Hume no concuerda con la equivalencia de 'razón y causa" propuesta por los racionalistas. Con Hume el tema de la causación se vuelve un problema de conocimiento, y sostiene que el poder causal de un objeto no se descubre de las ideas que se tengan de ese objeto, sino que la causación se 'descubre' por la experiencia, para lograr una conjunción constante; pero el empirismo no permite generalizar esta conclusión, solo acepta lo constatable. Immanuel Kant (1724-1804), naturalmente no va a concordar con estas conclusiones de Hume, porque si se aceptaran, desaparece la causalidad, y la ciencia natural –la física-- sería imposible; las leyes que se puedan elaborar no tendrían valor universal. Kant resuelve el problema de la causalidad, sosteniendo que esta no se encuentra en la realidad, puesto que la realidad está más allá de los sentidos --de acuerdo a su filosofía--, y por tanto, no se puede coger empíricamente; la causalidad es un modo –una "categoría"--, como opera la mente para organizar –entender--, los datos provistos por los sentidos en su contacto con la realidad que no se coge directamente, sino indirectamente con ellos, bajo la influencia de las categorías. Para este pensador, la causalidad es una de las categorías del entendimiento con las que se sintetizan los datos de los sentidos para hacer posible la racionalidad humana; los juicios causales son hipotéticos, afirman condiciones de posibilidad de fenómenos. De este modo, Kant evita los problemas que surgen con la búsqueda del soporte ontológico de causa, esta no depende de una base ontológica para ser tal; y, también soslaya el problema de la demostración empírica, que de acuerdo a Hume, es solo concreta, no generalizable, con lo que en rigor, las leyes físicas pierden su carácter universal; la causalidad para Kant, no depende de la demostración empírica. (Mora F., 1994; causa)

Dificultades en la definición de causa. Después de Kant continúan diversas posturas filosóficas con respecto a las características de la causalidad, pero no son de interés al propósito de este trabajo. Sin embargo, es relevante mencionar que los filósofos con tendencia positivista interesados en la ciencia (J. Stuart Mill, 1806-1873; E. Mach, 1838--1916), acentúan el sentido de causa como 'relación', desconfiando de las implicaciones ontológicas que rodean el concepto de causalidad; incluso algunos piensan que el concepto de causa se debe lisa y llanamente, reemplazar por el de 'relación', que es empírico y claramente manejable con las matemáticas. Pero no todos los filósofos concuerdan con esta perspectiva rígidamente empirista, y consideran la causa, como una noción originaria (filósofos de la corriente fenomenológica) o, la estiman como parte de la racionalidad humana (E. Meyerson 1859-1933). (Mora F., 1994; causa) Naturalmente, las reflexiones y controversias acerca de causa en el ámbito de la ciencia, no han cesado en nuestros días, tanto en su entendimiento como en su función. Los filósofos y científicos que se sienten inclinados a aceptar el indeterminismo en ciencia y en la realidad, son de la opinión, que la idea de causa se puede simplemente eliminar. Pero la noción de causa es de muy particular importancia para la construcción del conocimiento y para lograr un entendimiento humano satisfactorio; y permite instrumentalizar adecuadamente (lógicamente) las intervenciones humanas en los fenómenos naturales. De modo que en filosofía no se cesa de realizar muchos intentos para acotar con precisión lo que se significa con causa y en detallar la relación causa-efecto. Estos loables esfuerzos generan interesantes, pero complejos resultados, que envuelven diferentes supuestos, y ninguno está libre de críticas y de limitaciones. (Dove, P., Dec. 1996 rev. Sep. 10, 2007)

Definición de causa.

En este trabajo me he centrado primariamente en la relación de causalidad y ciencia, dejando de lado el uso de la noción de causa en la vida diaria, en el derecho y la justicia, en ciencias no-duras como la psicología, la economía y otras, en filosofía en conexión con las tesis específicas de diversos autores, etc. etc. Los diversos rasgos que se pueden distinguir en la relación causal varían según la materia que se trate, y presentan variadas fronteras y similitudes con otras expresiones indicativas de alguna causalidad. En este sentido es importante mencionar, aunque sea de pasada, el uso del término de 'correspondencia' para significar causalidad, cuando se asocia un suceso con la frecuencia de la ocurrencia de otro; un ejemplo para ilustrar 'correspondencia' usado a menudo, es el hábito de fumar –que se corresponde con frecuencia--, con la aparición de cáncer pulmonar; se dice entonces, que el fumar 'es causa' de este cáncer, pero la etiología del cáncer pulmonar consulta otros factores, y se presenta también, en no fumadores. La simple correspondencia, sin un conocimiento más detallado de las circunstancias en que ocurre, y sin la exploración de otros posibles factores causales, constituye un débil uso de la noción de causalidad, podríamos decir que se trata de un uso subjetivo de esta noción, para hacerla más objetiva –o descartarla--, se requiere de más investigación y pruebas, esto es: más conocimiento de lo que ocurre en la relación causal. El fenómeno de "correspondencia" abre camino a la teoría probabilística de la causalidad, que analiza la causación en términos de la ocurrencia de un suceso que afecta la probabilidad de que ocurra otro suceso. En el campo estadístico de las correlaciones y la causalidad --como la correlación del hábito de fumar y la incidencia de cáncer pulmonar--, los modelos clásicos usados para los cálculos se regía por el principio de Reinchenbach, que estipula que dos variables correlacionadas –fumar y cáncer--, deben tener una causa común: una variable es causa de la otra o, hay una tercera variable que es causa de las dos. Pero en la actualidad se ha visto que la información causal que se puede extraer de estos estudios de variables correlacionadas, va más allá de la correlación ateniéndose al principio mencionado; y además, este principio no funciona en el campo de la física cuántica. Pero los detalles de estas consideraciones no son parte de este estudio; los interesados pueden consultar la referencia: Pienaar J., 2017.

Las condiciones que se suelen señalar como indicativas de una relación de causalidad son varias y no fáciles de definir; entre estas condiciones menciono: la presencia de un lazo claro y constante –en condiciones determinadas--, entre la 'causa' y el 'efecto' generando siempre el mismo resultado, la proporcionalidad entre ellas, y muy particularmente la sucesión ordenada de la causa antecediendo al efecto, aunque en muchos casos parecieran perceptualmente ser simultaneas. Estas características son en verdad, muy intuitivas y válidas en el diario vivir, por eso cuando se encuentran este tipo de propuestas anti-intuitivas en ciencia, se tienden a tomar como posturas meramente epistémicas, instrumentales, y pasajeras; un ejemplo de esta situación la tenemos en física cuántica, que consulta inversión del orden causal en algunas de sus interpretaciones, un fenómeno prácticamente ininteligible en los seres inanimados como lo son las partículas y ondas cuánticas. Este tipo de propuestas, despiertan naturalmente el sentir de inverisimilitud y de sospecha en el carácter definitivo de estas interpretaciones y teorías.

Es claro que la causalidad es ampliamente utilizada con distintos sentidos en áreas muy diversas y con distintos grados de complejidad, por tanto, la conexión de causa con los efectos que se le atribuyen, constituye ineludiblemente un tema siempre abierto a diversas interpretaciones, y es un tópico inevitable de constante análisis, y de polémicas. La literatura en esta materia es abundante, destacando naturalmente diferencias entre la causalidad de las ciencias y la que se observa en otros terrenos; algunos autores piensan que la causalidad verdadera o actual es un rasgo de las cosas mismas y se esfuerzan en buscarle fundamento ontológico, otros se inclinan más por relaciones formales de causa efecto, con menos calado ontológico. Estos estudios enfatizan la identificación y análisis de las estructuras causales del caso, y consideran distintos aspectos, como: la causa actual o verdadera (difícil de determinar), los elementos contextuales significativos, las posibles interacciones causales, valores y normas (prescriptivas) cuando están envueltos los seres humanos en el proceso causal, y también que se elaboran modelos para poder instrumentar intervenciones; etc., etc. Lograr un concepto nítido y universal de causalidad parece una tarea inalcanzable, tal vez lo único que se pueda decir con pertinencia y en forma muy general, es que con la noción de causa se logra una explicación –una justificación--, sea empírica, científica o lógica-conceptual, psicológica o cultural, filosófica o metafísica, de algo, de una cosa --de su existencia o de sus propiedades o de su comportamiento--, y también de sucesos o situaciones, sean estos de tipo material, o no.

Esta pluralidad de usos de la noción de causa no indica que exista a priori una jerarquía de causas claramente delimitada, con unas siendo verdaderas y absolutas, y otras solo pseudocausas o meros productos de la subjetividad humana, o condiciones causales periféricas a la causa verdadera, que es difícil de identificar en la mayoría de las situaciones causales por la complejidad de factores envueltos. El vigor de un argumento causal ha de evaluarse en el contexto en que se aplica este término, considerando las circunstancias del caso y los conocimientos que se tengan de las relaciones entre la 'causa' y el 'efecto', y los procesos que se establezcan entre ellos. Así, las causas en física dependen del cuerpo teórico que las sostiene, y su valor está supeditado a la credibilidad o asentamiento de estas teorías que la respaldan; de manera similar se procede en la evaluación de la causalidad en psicología, en metafísica, en asuntos legales, etc.   De manera que la fuerza del argumento causal depende del conocimiento que se posea acerca de la situación en que se aplica la relación causal, entre más robusto y estable sea este conocimiento (incluyendo las teorías en ciencia), y menor la participación de supuestos controversiales –o improvisaciones--, mayor será el valor causal de la relación; agrego que algunos autores consideran que la posibilidad de intervención, manipulación y control objetivo, que ofrezca una causalidad –aunque sea teóricamente, --atestiguan su carácter causal vero. Este esfuerzo en objetivar la relación causal como verdadera causa para distinguirla de una mera proyección subjetiva de causa --sin fundamento real--, es sin duda loable; pero como ya he comentado anteriormente, no resulta fácil lograr una definición clara y definitiva de la noción de causa que sea fácilmente aplicable a toda situación en que se recurre a ella, lo que no elimina el hecho que, entre mayor sea el conocimiento del proceso causal, mayor será su objetividad causal. El celo que muestran muchos autores en lograr perfilar nítidamente la causalidad objetiva, firmemente fundamentada e incontestable de una situación causal, no solo está dirigida a descartar las situaciones causales de carácter subjetivo, sustentadas en creencias personales o comunitarias, sino que su objetivo está puesto en diagnosticar las causalidades verdaderas, para lo que elaboran sofisticados criterios, algunos recurriendo a explicaciones basadas en leyes o generalizaciones establecidas, otros en tesis diversas y manipulaciones para demostrar la solidez causal lógica o empíricamente, y otros echando mano a complejos argumentos que justificarían la causalidad objetiva. Pero estos criterios como ya hemos mencionado más arriba, tropiezan inevitablemente con limitaciones y dificultades teóricas, o prácticas. La 'objetividad y estabilidad absoluta' que se persigue, parece escapar a las posibilidades del conocimiento de la naturaleza y de las situaciones humanas, ya que todo conocimiento está condicionado por las percepciones y las teorías o conjeturas elaboradas por el hombre, que son mudables y condicionadas. En todo caso, es importante subrayar y repetir, que la noción de causalidad es fundamental para el ser humano, en su entendimiento del mundo y en su manejo para vivir en él; desde un mero establecer correspondencia en una situación diaria simple no refinada, hasta los más sofisticados estudios de la ciencia experimental. Es oportuno también recordar a propósito del tema que tratamos, que los conocimientos en general, incluyendo los científicos, están siempre sometidos a revisión y cambio, de modo que un conocimiento causal absoluto no es fácil de establecer; además no es tarea fácil estudiar y controlar todos los aspectos y variables envueltas en una relación causal natural.

La definición de causa como ya he mencionado, no es tarea fácil de lograr. En este artículo nos referimos primariamente a la causalidad del mundo natural, y como hemos visto, tenemos una definición claramente ontológica con la Tesis de las Cuatro causas, que con la Revolución científica del Siglo XVII y XVIII va a desaparecer, dejando solo una 'causa eficiente' desconectada de fines, descriptiva, cuantificada y matematizada, que en rigor no es la causa eficiente del Aristotelismo-tomista; pero pronto se incorporaron las fuerzas fundamentales de la naturaleza, y como estas son motores activos, la locución 'causa eficiente' se va a continuar usando con cierta frecuencia en la nueva ciencia, para referirse a estas acciones físicas comandadas primariamente por esas fuerzas. La causa eficiente de toda transformación y movimiento físico es generada por las fuerzas fundamentales, principalmente por la fuerza electromagnética (luz solar), responsable de la gran cantidad energía depositada en nuestro planeta. Estas fuerzas constituyen las fuentes de energía (término abstracto) que realizan el 'trabajo' de las fuerzas naturales, de transformación y movimiento en los fenómenos físicos. El diagnóstico de una relación causal concreta, dependerá de las teorías vigentes y aplicables a la situación, junto con la experimentación necesaria para su confirmación.

En el próximo capítulo, siguiendo con el tema de la causalidad, revisaremos esquemáticamente la importante noción de leyes naturales.

Bibliografía:

1.   Dowe, Phil (Dec. 8, 1996, rev. Sep. 10, 2007) Causal Processes. En: Stanford Encyclopedia of Philosophy: https://plato.stanford.edu/entries/causation-process/#RusTheCauLin

2.   Mora, Ferrater (1994, ed. revisada). Diccionario de Filosofía. Editorial Ariel. Barcelona

3.   Pienaar, Jacques (July 31, 2017). Viewpoint: Causality in the Quantum World.

4.   International Institute of Physics, Lagoa Nova, Natal - RN, 59078-970, Brazil. https://physics.aps.prg/articles/v10/86

LEYES NATURALES

Leyes físicas o naturales

Las leyes físicas o naturales son elaboradas para la descripción y comprensión del 'trabajo' de las fuerzas fundamentales, en la transformación y movimientos observados en los fenómenos físicos, en la complejidad de interacciones en la naturaleza. La noción de ley, tradicionalmente indica orden en las cosas, y en física, las leyes describen las–relaciones físicas: ecuaciones--, que dan cuenta –justifican--, patrones conductuales –regularidades--, estables, observados en los fenómenos naturales, y estudiados en un marco de observación experimental. En otras palabras, una ley nos indica que un(os) fenómeno(s) ocurrirán si se dan ciertas condiciones físicas especificadas por la ley. Una ley es como una regla y una explicación de cómo ocurren ciertos fenómenos naturales de comportamiento estable que sirve para entender lo que sucede en la naturaleza; por ejemplo, la ley de gravitación universal nos muestra que los cuerpos se atraen, y lo hacen con una intensidad directamente relativa a su masa, e indirectamente a la distancia que los separa. El lenguaje empleado para este propósito, es formalizado matemáticamente, pero necesita especificarse cuantitativamente, para lo cual se recurre a las constantes físicas que cumplen este objetivo. En el caso de la gravitación universal tenemos en la ecuación una constante: G, que es la constante de la gravitación universal presente en las ecuaciones que calculan el valor de la fuerza gravitacional en los casos concretos.

Es importante señalar que no todas las regularidades observadas en la naturaleza se establecen como leyes naturales, ni tampoco se generalizan con carácter de ley todas las observaciones de fenómenos físicos considerados estables. En términos generales se afirma que las leyes describen lo que pasa –lo que siempre debe pasar--, bajo las circunstancias dadas; por lo que se dice, tendrían un carácter de necesidad. En cambio, otras generalizaciones realizadas en ciencia, no tienen esa característica, son accidentales, su estabilidad es inconstante. Dilucidar una de otra, no es tarea sencilla de lograr, y naturalmente constituye un tema que preocupa particularmente a los filósofos de la ciencia que se esfuerzan en lograr criterios para poder distinguirlas; muchos filósofos recurren a elementos metafísicos para justificar la universalidad y estabilidad de las leyes naturales. Para nuestro propósito, lo importante es que las leyes naturales o físicas se establecen como tales, en un contexto teórico del cual dependen para su estatus y vigencia; y naturalmente, una de las razones de su existencia/sobrevivencia es el beneficio que aportan al conocimiento científico para entender los fenómenos físicos que se presentan en patrones estables; patrones que se consideran como soportes causales del entendimiento de los fenómenos naturales. Esto no significa naturalmente que las leyes de la naturaleza sean meras construcciones mentales, puesto que las teorías que apoyan la formulación de leyes, son elaboradas de acuerdo a observaciones y experimentación, realizadas en el proceso de su elaboración.

Legalidad de las leyes naturales.

La mayoría de los filósofos de la ciencia consideran las leyes naturales como reales y objetivas, como parte de la naturaleza misma, la ciencia las descubriría en sus investigaciones. Sin embargo, no todos los filósofos concuerdan con esta posición realista, e incluso algunos sostienen que no hay leyes naturales, --por ejemplo Bas van Fraassen y Ronald Giere--, que argumentan, o porque no hay evidencias epistemológicas para creer en ellas o, porque en la historia de la ciencia se ha visto que las generalizaciones realizadas con carácter de ley, terminan no siendo verdaderas. Otros filósofos presentan argumentos distintos, como el destacar que las leyes contienen afirmaciones no reales, por ej.: ningún objeto –con masa-- puede viajar a velocidad mayor que la de la luz: este no es un hecho de la realidad natural, sino una situación posible – hipotética, no es algo que está ahí en la naturaleza para ser descubierto. Es muy comprensible que el tema de la legalidad de la ley, que soporta su universalidad, estabilidad y objetividad, sea de particular importancia para justificar su importancia epistemológica. Muchos filósofos se centran muy especialmente en la legalidad de la ley, intentando encontrar un pilar objetivo y robusto que la afiance y la distinga de las 'verdades' accidentales, sin universalidad ni constancia; pero aunque se esgrimen interesantes argumentos, y se generan debates continuos, el tema permanece sin solución definitiva. (Carroll, JW 2003, rev., 2016) A propósito de este punto, es importante recordar lo que vimos en un capítulo anterior, la legalidad de la ley del movimiento en Descares provenía de su origen: Dios, e igualmente, muchos otros científicos e intelectuales de esa época, pensaban que las leyes naturales estaban afianzadas por la Divinidad, Dios era para ellos, el Dios de la Naturaleza; y ahora, con todos nuestros conocimientos científicos, pero sin Dios en La ecuación, nos encontramos con el problema de fundamentar nada menos que la supuesta solidez irrefutable de las leyes naturales. En este predicamento, los filósofos se ven forzados a mirar nuevamente a la metafísica buscando firmeza de las leyes (ej.: esencias, universales, propiedades y disposiciones fundamentales, etc.).

Leyes ceteris paribus.

A propósito de la granada proliferación de perspectivas y argumentos filosóficos para precisar los fundamentos de las leyes naturales, es oportuno señalar que, al igual que la noción de causa, el concepto de ley se usa no solo en física (en la que estos conceptos se presentan más nítidamente), sino que también en otras ciencias 'no-duras', como la psicología, la sociología, la economía, etc., y en terrenos más alejados de lo que se entiende corrientemente por 'ciencia', como la moral, la justicia, y otros saberes. En estos otros sectores del conocimiento humano, el concepto de generalización realizada acerca de condiciones físicas, u otras, para que logren el carácter de ley universal se complica, puesto que muchas de estas generalizaciones, claramente no cuentan con garantías de que se mantenga su carácter de ley (universal), aunque se satisfagan las condiciones que se han requerido para establecer su carácter de ley general. Esta limitación es debida a que hay otros factores condicionantes de los términos de la ley, cuyo cambio alteran su generalización. Sin embargo, estas generalizaciones, aún con esta limitación, no dejan de ser explicaciones útiles en los terrenos en que surgen. Esta característica de las generalizaciones con estatus de ley, que no cuentan con garantías de cumplirse en todas las circunstancias, los filósofos de la ciencia han cuestionado si pueden clasificarse como leyes auténticas o, simplemente como leyes que operan solo en condiciones especiales: permaneciendo todas las circunstancias colaterales, constantes o igual, y se denominan leyes ceteris paribus. Este tipo de conceptualización de ley es de frecuente uso en economía, así tenemos la ley: 'bajo la condición de competencia perfecta, un aumento de demanda de un producto, conduce a un aumento de precio, siempre que la cantidad del producto ofrecido permanezca constante'; y hay que agregar….siempre que otros factores que alteran la demanda permanezcan iguales, como, situación económica de los compradores potenciales, competencia de otros productos, propaganda y modas del momento, etc. Este tema de las leyes ceteris paribus ha cobrado interés en las disquisiciones filosóficas recientes, pero no es el foco de este trabajo. Es importante señalar sin embargo, que se supone que las leyes físicas son las leyes auténticas, universales y aplicables en toda circunstancia y lugar, pero este supuesto no es tan claro, ni definitivo, como veremos más adelante.

Las leyes naturales en el contexto de la ciencia.

En este breve comentario acerca de las leyes de la naturaleza pienso que considerar estas leyes a la luz de las teorías científicas de la cual forman parte fundamental, es un acercamiento que facilita su entendimiento y función, y es pertinente para este trabajo, que tiene la ciencia física como telón de fondo. Naturalmente, aún dentro del terreno de las ciencias, continúan las controversias filosóficas acerca de lo que es una ley, su relación con las acciones contextuales, sus alcances y su estabilidad. Las sutilezas filosóficas que plantean las leyes en general, y el fundamento de su legalidad es un tema complicado, y su estudio envuelve diversas ópticas con variados supuestos; este constituye un tema que se presta al debate y a la controversia, e interesa particularmente a académicos y especialistas. Estas controversias y preocupaciones por la legalidad de las leyes en sí, no las examinaremos en este artículo, solo consideraremos las leyes naturales como parte de los estudios de la ciencia física, constituidas, mantenidas y modificadas de acuerdo a las perspectivas que la ciencia adopta en su desarrollo por entender la realidad natural.

Las leyes son formuladas dentro de un marco teórico que naturalmente está condicionado por la observación y experimentación controlada y consensuada, que recogen los efectos, las regularidades y las consecuencias que se observan por el "trabajo" consecuencia de las fuerzas fundamentales envueltas. En este proceso, se restringe o se seleccionan de la 'realidad natural', variables y parámetros con los que se construye la ley que justifica la regularidad o los fenómenos naturales que se intentan entender en su estabilidad y persistencia; incluso hay leyes que se establecen recurriendo a experimentos mentales, esto es, imaginación de situaciones físicas posibles. Las leyes físicas no son producto directo de la observación, no son una simple descripción de ocurrencias naturales; por lo demás, en ciencia la observación está siempre guiada e integrada a teorías. De modo que, en el mundo natural en vivo, lleno de interacciones –interferencias--, no siempre son claramente evidentes las predicciones que se realicen a partir de las leyes; se podría decir que las leyes son 'ideales', son como 'modelos' explicativos de características e interacciones de fenómenos naturales estilizados para captar una explicación causal de lo que ocurre en forma recurrente en la naturaleza bajo variadas interferencias y condiciones. Con las leyes naturales –que se consideraron en el pasado como rigurosamente válidas en todo lugar y en todo tiempo--, se pensó que la física podría comprender una dinámica estable y ordenada de la totalidad del universo, una esperanza que no se ha materializado; la ciencia muestra sus limitaciones, y sus condicionamientos.

En el próximo capítulo examinaremos brevemente el realismo ingenuo de la ciencia, las limitaciones de las leyes naturales y otros aspectos relacionados a las causas y leyes en ciencia.

Bibliografía:

1. Carroll, John W. (April 29, 2003, rev. Aug 2, 2016) Laws of Nature. Stanford Encyclopedia of Philosophy. https://plato.stanford.edu/entries/laws-of-nature/

REALISMO INGENUO Y LIMITACIONES DE LAS LEYES NATURALES

Realismo y antirealismo de las leyes.

Es interesante señalar que algunos autores otorgan un carácter más realista a las leyes que a las teorías en ciencia, como que se descubriera con ellas un rasgo sólido de la realidad natural –'ontológico'--, (que justifica la universalidad y estabilidad de la ley), y por eso serían menos susceptibles a modificaciones, que el cuerpo teórico. Pero esta diferencia no es fácil de substanciar, puesto que las leyes naturales son explicaciones causales de 'fenómenos observados' o, incluso imaginados, que se generalizan por su aplicabilidad y estabilidad, y forman parte de la concepción física –cuerpo teórico--, que se tiene de la realidad natural. Se podría decir que la universalidad de la ley es como un supuesto teórico que es válido hasta que surja un contra-ejemplo, o cambie el paradigma en que se basa la ley, sus características y su aplicación. Los fenómenos perceptuales que una ley explica, como es el caso de la caída de las manzanas al desprenderse del árbol, es explicada por la ley de la Gravitación Universal. La caída de las manzanas continuará, aunque se modifique la formulación y entendimiento de la ley de Gravitación; es conveniente por tanto, tener presente que no se puede identificar simplemente, lo observado, con la explicación que la ciencia formule.

Con respecto a ese carácter universal de la ley como de posible vertiente ontológica, es importante señalar que la ciencia trabaja fundamentalmente con un realismo ingenuo, es decir, acepta que hay algo ahí fuera, independiente de nuestro percibir, e intenta estudiarlo y comprenderlo. El calado ontológico que se le atribuya a los conocimientos científicos, varía según diferentes autores, unos suelen tomar una actitud pragmática e instrumental frente a la ciencia, otros en cambio se inclinan al realismo. Las interpretaciones instrumentalistas del carácter del conocimiento científico, ocurren particularmente cuando las afirmaciones y propuestas científicas amenazan claramente las intuiciones básicas de la vida humana, como pasa a menudo en la Mecánica Cuántica; pero también hay otros factores que favorecen la interpretación instrumentalista de la ciencia, entre los que se señala la imprecisión de conceptos como el del tiempo y del espacio; la desmigajamiento interminable de la realidad con creciente volumen de incógnitas; uso de claros supuestos para elaboraciones teóricas; etc. Este dilema de realismo y anti-realismo en ciencia no es fácil de resolver, porque es claro que el conocimiento de la ciencia con su caudal de aplicaciones prácticas, apunta a alguna forma de realismo; pero por otro lado, también es claro que la ciencia constituye un conocimiento maleable, no es nunca completamente definitivo, siempre está sujeto a falsación diría Karl Popper. La adopción del realismo ingenuo parece entonces una actitud razonable. Con esta situación del realismo en ciencia, la universalidad de la ley, si no se sostiene con un argumento metafísico sólido y claramente convincente, y se queda la explicación en el terreno de la ciencia como tal, su universalidad queda sostenida por las teorías que la aceptan, y supeditada a la experiencia y a los vaivenes de los paradigmas que impregnan las perspectivas teóricas y prácticas de la ciencia.

Limitaciones de las leyes naturales. No sería por tanto sorprendente que se pueda descubrir que efectos y patrones supuestamente causados por una ley, no se correspondan con ella; en otras palabras, esa causalidad puede no siempre ser verificada y, en esos casos, se requeriría efectuar un ajuste de los parámetros de la investigación realizada para intentar resolver la incongruencia o, sería necesario hacer una revisión de la concepción –paradigma--, teórico utilizado para la elaboración y uso de la ley en cuestión. El uso del término 'causa' para explicar los efectos de las leyes físicas da cabida entonces, para que algunos autores hablen de indeterminismo en física, cuando las leyes –supuestamente objetivas y absolutas--, no muestran los efectos esperados. Pero, esto no significa que tengamos indeterminismo en la realidad natural, sino que simplemente nuestra capacidad de predecir conductas físicas con leyes (y también con teorías), no cuenta con la suficiente información del estado físico pertinente y de su contexto. Hay que reconocer que la ciencia no tiene el mapa distinto y claro de la(s) cadena(s) causal(es) —y de las interacciones--, de la expresión de la causalidad primaria de estas fuerzas fundamentales, en que se basa la comprensión de los movimientos y transformaciones de lo material existente, por lo que las leyes que se elaboran no cuentan necesariamente con una base totalmente robusta de conocimiento que les otorgue una solidez inapelable. La ciencia está en constante revisión experimental y teórica, para lograr el mejor entendimiento de la realidad material del mundo. Es importante señalar que el avance de la tecnología juega un papel muy importante en este sentido, ya que posibilita la 'observación' y medición de variables antes inaccesibles a la investigación directa, y que pueden tener influencia en la efectividad y aplicación de leyes establecidas.

También puede deberse esta deficiencia de las leyes, a un cambio de paradigma en la perspectiva teórica del análisis y comprensión de los fenómenos físicos que puede exigir una elaboración diferente de las leyes para explicar los fenómenos estudiados. En este sentido, es de interés notar que las leyes elaboradas en el contexto de las variables y de las constantes físicas de nuestro mundo habitual, pueden no ser aplicables a las condiciones de la inmensidad astronómica, ni a las pequeñeces de la microfísica, en que las condiciones de los estados físicos pueden asumir características diferentes. El indeterminismo del que hablan los autores cuando señalan la fragilidad predictiva de las leyes naturales, es en buenas cuentas un indeterminismo por ausencia de conocimiento, un indeterminismo que podríamos llamar epistemológico. En modo alguno las posibles deficiencias de las leyes, indican a-causalidad natural, porque, la causalidad primaria en física, se encuentra a nivel de la acción de las fuerzas fundamentales: nada se transforma o mueve sin una causa que lo explique, tanto a nuestro nivel del mundo corriente, como a nivel del mundo submicroscópico. El motor primario radica para la física en este momento, en las fuerzas fundamentales de la naturaleza que condiciona toda dinámica y energía detectada en el mundo material.

Esta escueta descripción de la causalidad y de las leyes físicas es derivada de las teorías apoyadas por la observación y experimentación controlada de la ciencia, y por tanto, está sujeta a las perspectivas teóricas que se tengan de las acciones de las fuerzas fundamentales de la naturaleza, y de su expresión en la diversidad de las interacciones de los fenómenos físicos. Este es un material teórico muy vasto, maleable y cambiante de acuerdo a los paradigmas que se usen, pero en modo alguno, pone en duda, y menos elimina, la existencia de un motor de cambio y de movimiento en la naturaleza, que por el momento son las cuatro fuerzas fundamentales de la naturaleza.

Menciono brevemente las llamadas leyes estadísticas que son elaboradas en base a métodos probabilísticos, para detectar las regularidades o constancias en el comportamiento de múltiples casos; estas leyes se sustentan básicamente en las observaciones de elementos individuales que constituyen la masa estadística, y que exhiben cierta regularidad. Las leyes presentan resultados de regularidades con gran exactitud, con constancia y estabilidad aproximada; por estas características son útiles en ciencia, pero no son exactas; no son deterministas, sino probabilísticas. En física la observación de los elementos individuales, como en los gases o en los líquidos, no es posible de efectuarse por su tamaño y la inmensidad del número de moléculas envueltas, por lo que se recurre a hipótesis con respecto a su comportamiento individual, o su conducta promedio, para ligar de este modo, su conducta microscópica con la macroscópica del conjunto estudiado, e inferir leyes acerca del comportamiento del sistema global. Así con este tipo de acercamiento, se pueden deducir por ejemplo, las leyes de la mecánica estadística de los gases y las leyes de la termodinámica. Con estos procedimientos estadísticos/probabilísticos se obtienen datos que predicen con mucha exactitud la conducta de la masa material estudiada; de este modo se recupera un 'determinismo indirecto' –probabilístico--, de gran utilidad en ciencia.

Fundamento de las fuerzas fundamentales de la naturaleza. De modo que las fuerzas fundamentales de la naturaleza son las responsables primarias de la causalidad física, todo movimiento y reposo observado es dependiente de ellas; y en ellas últimamente se apoyan las diversas leyes que se elaboran para explicar –comprender--, 'causalmente' los complejos fenómenos observados. Pero surge la pregunta, qué causa estas fuerzas fundamentales, y cómo explicar sus características energéticas/corpusculares más allá de la medición de sus efectos y acciones, y, por qué funcionan como lo hacen. La ciencia puede aventurar algunas explicaciones, pero así, en rigor no se disipa el interrogante originario planteado, porque la ciencia trabaja con lo dado, con lo que encuentra en la naturaleza, y sus propuestas se basan en lo que va encontrando en ella, y de este modo, el interrogante primario se va solo desplazando, sin encontrar la causalidad de la causalidad física primaria; este es sin duda, un tema que interesa a científicos y filósofos de la ciencia. Naturalmente, la ciencia no debe paralizarse frente a situaciones como esta, pero ha de reconocer fronteras que no le es dado traspasar sin abandonar sus posibilidades en cuanto ciencia; incurrir en respuestas o propuestas de carácter metafísico –aunque se formulen en lenguaje matemático--, escapan a sus posibilidades metodológicas de constatación empírica, que es el garante de su credibilidad y de su prestigioso éxito práctico. En otras palabras, la ciencia permaneciendo abierta a investigaciones experimentales y a exploraciones de nuevos paradigmas, no debe, ni caer en las especulaciones que no le corresponden, ni tampoco recurrir a la fácil respuesta de que el azar natural está detrás de ese interrogante; esto significaría incurrir en una postura metafísica precaria y, además irracional, como ya lo hemos comentado en otros apartados de este trabajo. El paso de la esfera física al terreno metafísico/teológico, no significa abandonar la causalidad, se deja atrás la causalidad física, para recurrir a otro tipo de causalidad y a otro tipo de supuestos, ya no para conseguir un control y manejo de las 'causas eficientes' con su multitud de aplicaciones prácticas, sino que para lograr un entendimiento más profundo y más amplio de la realidad en su totalidad y, abrir así, perspectivas para enfrentar las inevitables preguntas que surgen de la existencia humana.

128   DEL AZAR Y DE LA CAUSALIDAD FÍSICA EN LAS TRANSFORMACIONES DEL MUNDO

En la próxima sección veremos lo que se significa con la noción de 'fenómenos emergentes' en el contexto de los conceptos que hemos revisado, azar, causalidad y leyes naturales.

FENÓMENOS EMERGENTES

Importancia fundamental del principio de causalidad.

En este trabajo he recalcado que el azar natural no existe, si nos atenemos consecuentemente al principio fundamental de que toda transformación y movimiento en el mundo material tiene una causa, que en física tiene su raíz en las cuatro fuerzas fundamentales de la naturaleza. Postular que una transformación o movimiento es a-causal, significa poner fin a la ciencia y al pensamiento racional; esto muestra una paralización de la actividad cognitiva humana. Y si en ciencia se capitula al principio causal cuando encuentra límites que parecen infranqueables, como lo hemos visto en la física cuántica, esta claudicación --además de renunciar al conocimiento--, nos enfrenta a un horizonte trascendente inaccesible e irracional, que nos deja suspendidos en un profundo desconcierto, y en un abrumador sin sentido. De modo que en la perspectiva de la ciencia, nos encontramos frente a un mundo material condicionado por los efectos derivados de las fuerzas fundamentales; todo movimiento es determinado por una (o más) causa(s) derivadas de esas fuerzas. Pero esta determinación de la concepción física del mundo material, no significa –como lo he señalado repetidamente --, que podamos anticipar el curso de todos los acontecimientos materiales del mundo; la falta de predictibilidad, no es sinónimo de indeterminismo o azar en la concepción física de los fenómenos naturales. Y como lo indiqué en un capítulo anterior, el determinismo físico del mundo material no se puede hacer extensivo a la vida humana, ni siquiera a los seres vivos en general, en los que su increíble comportamiento escapa al mecanicismo de la concepción física del movimiento y transformación de los cuerpos inanimados (acciones sin metas más allá de los efectos inmediatos de esas fuerzas). Hacer del determinismo material físico un postulado absoluto para todo lo existente, es caer en una filosofía grotesca y reduccionista, en un cientifismo totalmente arbitrario e ideológico inaceptable.

Fenómenos emergentes.

Pero el determinismo que se desprende de la acción de las fuerzas fundamentales de la naturaleza encuentra dificultades cuando se examinan estructuras complejas que presentan propiedades que son irreducibles a sus componentes y a los estados anteriores de los que provienen –son cualitativamente nuevas--, pero no se trata solo de propiedades, sino que también se habla de estructuras complejas nuevas que no son reducibles a las leyes de los estados precedentes, como es el caso de la biología, que no puede ser explicada completamente por las leyes de la química; en el caso de las propiedades diferentes, se ejemplifica frecuentemente con la 'humedad' del agua, que es un conjunto de moléculas ($H2O$) con múltiples enlaces de hidrógeno que le otorga características particulares, entre las que se encuentra la de ser 'húmeda'; sus componentes, H y $O2$ son gases y no poseen esta propiedad, ni tampoco las otras características del agua; ni permiten anticipar la humedad ni otras de sus peculiaridades, desde las propiedades que exhiben sus componentes antes de combinarse. A este tipo de fenómenos –propiedades y substancias--, se les denomina fenómenos emergentes (supervenientes, propiedades últimas, heteroplásticos). Los fenómenos emergentes dependen de las partes de la complejidad que los soporta, si estas se desmiembran desaparecen los fenómenos emergentes; pero al mismo tiempo, las propiedades emergentes son independientes, puesto que estas propiedades no se encuentran en las partes y no se pueden explicar desde ellas; los fenómenos emergentes obedecen a otras leyes, diferentes a la de los estratos inferiores. Las propiedades emergentes no son un producto aditivo, ni una sustracción de las propiedades de las partes de la complejidad que las sustenta. Las propiedades que resultan de la combinación de las partes de una complejidad se denominan, productos resultantes (propiedades derivadas o, homoplásticas); estos productos pueden naturalmente ser explicados fácilmente por las propiedades y leyes de los estados de los que proceden. En el emergentismo tenemos entonces, continuidad y discontinuidad. Es importante subrayar que la discontinuidad que implica lo emergente, impide el reduccionismo de las propiedades de niveles superiores a explicaciones causales de niveles inferiores, como el ejemplo de la biología, ya mencionado. Es importante recalcar, que no toda complejidad presenta fenómenos emergentes, esto es, fenómenos cualitativamente nuevos; puede presentar fenómenos resultantes de sus componentes, pero no con el rasgo distintivo que mencionamos. Agrego que algunos autores describen el emergentismo en términos de información, señalando que lo emergente posee más información que la existente en sus bases de apoyo.

Cuando examinamos un ser vivo por ejemplo, considerando los niveles de complejidad, podemos distinguir un nivel primario constituido por las partículas subatómicas y sus estados, que se agrupan para formar átomos, luego tenemos las distintas moléculas, y estas están organizadas en conjuntos para formar proteínas, hidratos de carbono y otras substancias químicas, que a su vez se combinan para formar distintos tejidos y órganos que hacen posible la vida de estos seres. Se trata entonces de un sistema de creciente complejidad y orden con diferentes propiedades y funciones, pero interrelacionadas; estos niveles con sus propiedades emergentes, se estudian de acuerdo a sus características, con metodologías y leyes ajustadas a la situación que corresponde; las propiedades de los niveles superiores no nos ayudan a entender las propiedades de los niveles inferiores; y estas, nos permiten un entendimiento limitado de solo algunos aspectos de esas propiedades emergentes. Con este tipo de descripción de niveles de complejidad con la aparición de propiedades distintas y cualitativamente nuevas en los seres vivos, y también en los inanimados, el emergentismo reconoce las propiedades –y funciones (en seres vivos)--, como fenómenos nuevos imposibles de ser anticipados; entre estos se incluye la vida misma que emergería de la complejidad integrada de todos los niveles que comprende el organismo. Pero, aún más, los seres vivos forman grupos y comunidades con incremento de complejidad e irrupción de propiedades y habilidades emergentes, e incluso, en el caso del ser humano, se propone que la conciencia es un fenómeno emergente de la materia cerebral, altamente compleja y ordenada. Así propuesto este extraordinario fenómeno del emergentismo, y basándose primariamente en la dependencia y continuidad de las estructuras que soportan las propiedades emergentes, se pretende dar cuenta --sin dificultad alguna--, de todo lo existente que aparece con la progresiva complejidad del desarrollo del universo, que comienza con las más simples formas materiales/energéticas. Pero si tomamos seriamente la discontinuidad característica de estos fenómenos emergentes, es claro que representan un enorme desafío para la ciencia que quiere explicarlos con sus mecanismos y sus bases teóricas. La doctrina del emergentismo, como veremos, tiene fuertes connotaciones naturalistas, desplegadas en vigorosos esfuerzos por explicar su conexión con la cadena de los acontecimientos neomecánicos de la ciencia; y de este modo, dar cuenta de todo suceder cósmico, sin hendiduras, y sin quebrajar la estructura explicativa de la ciencia; en otras palabras, se intenta eliminar el emergentismo duro o verdadero.

Teoría del emergentismo.

El emergentismo es entonces, una teoría acerca de la estructuración del mundo en base a niveles de complejidad y emergencia de propiedades nuevas; comenzando con la física fundamental en la base, luego química, biología, psicología e incluso sociología, todos con sus características propias y sus propias leyes que gobiernan sus conductas y sus interacciones. En otras palabras, con el emergentismo se pretende justificar cómo funciona el mundo en los diferentes niveles de organización.

En la Teoría del emergentismo se distinguen las teorías de emergencia sincrónica que intentan explicar el emergentismo en conexión con las relaciones de los niveles –macro y microscópicos--, estructurales de la complejidad, que mostrarían distintas leyes para su comprensión; y las teorías de emergencia diacrónica que intentan explicar la aparición de la organización de un sistema en conexión con su evolución desde niveles inferiores, si las propiedades son impredecibles desde esos niveles inferiores, se trata de emergentismo, pero de un emergentismo epistemológico, puesto que el proceso físico evolutivo se considera determinista. A propósito del determinismo y emergentismo, es necesario mencionar que otros teóricos sostienen que lo existe no es determinismo, sino que un indeterminismo que permite las interacciones entre los niveles de complejidad, y así se justificaría el emergentismo

No es entonces extraño, que este fenómeno de emergentismo no sea fácil de definirlo con claridad, ni se logre unanimidad entre los expertos; su sentido varía considerablemente según su uso en diferentes contextos, incluyendo la ciencia y la filosofía –particularmente la filosofía de la mente--, y naturalmente, muestra variaciones --algunas muy significativas--, en los distintos análisis realizados por los autores que se preocupan de este fenómeno. En todo caso, los puntos que he señalado más arriba para caracterizar el concepto de fenómenos emergentes – emergentismo--, son útiles y, en general, se encuentran en muchos de los esfuerzos realizados por los filósofos para definir este concepto. Se puede decir que el emergentismo es un fenómeno en general aceptado, pero con continuado debate acerca de su diagnóstico y de su conexión con los sustratos básicos de la dinámica de la materia.

En el próximo apartado veremos los problemas que enfrenta la Teoría del emergentismo, tan pródiga en explicaciones y justificación de todo lo existente.

DIFICULTADES QUE ENFRENTA LA TEORÍA DEL EMERGENTISMO

Dificultades con la concepción de emergentismo.

Una mirada más detenida de la propuesta del emergentismo, nos muestra que realmente no dice nada nuevo, solo nos describe lo que se observa; a mayor complejidad y orden en los niveles de organización de los elementos materiales --particularmente los biológicos--, tenemos más propiedades y funciones emergentes. Este emergentismo descriptivo carece de explicaciones causales de la aparición de lo nuevo y distinto; sin embargo se ha argumentado en su defensa, que el todo es más que la suma de sus partes; pero este argumento realmente tampoco explica la aparición de lo distinto y nuevo, el emergentismo continúa siendo meramente descriptivo. Un partidario del mecanicismo materialista puede por su parte argumentar en contra del emergentismo, diciendo que todo se puede explicar --al menos en principio-- mediante las causas físicas de los niveles básicos, aunque esto aún no sea posible hacerlo en este momento; pero este argumento parecería más bien una declaración de fe, que una hipótesis científica con fundamento. Si se aceptara el mecanicismo poseedor de este poder, todas las ciencias y todas las cosas serían reducibles a la física, lo que constituye un reduccionismo crédulo e ilusorio; en este reduccionismo caería también la conciencia, con todo lo que esto implica, la intencionalidad, la autoconciencia, la dimensión subjetiva de la percepción (qualia), el entendimiento, etc.; características difícilmente reducibles a reacciones electroquímicas cerebrales.

De manera que tanto el emergentismo descriptivo que se escuda en que el todo es más que la suma de sus partes, como el mecanicismo estricto, comparten una visión monista del mundo: la exclusividad de la materia, la base ontológica de todo lo existente. Otros autores frente a los fenómenos emergentes que necesitan sus propias leyes para entenderlos, irreducibles a las propias de niveles inferiores, hablan de que, estos fenómenos son simplemente, expresiones metafísicas brutas; sin embargo, algunos de estos autores, están dispuestos a aceptar que eventualmente podrían ser explicados por las leyes físicas de niveles de complejidad menor, pero no aquellos fenómenos emergentes que envuelven la aparición de la capacidad perceptiva humana, estos son considerados, en principio, imposibles de reducir a explicaciones físicas, y son atribuidos a la organización metafísica del mundo. Considero oportuno un breve comentario en relación al recurso a la metafísica en el seno de la ciencia, esto implica naturalmente un reconocimiento de un límite para su capacidad cognoscitiva; indudablemente la ciencia tiene sus fronteras que se deben reconocer y no traspasar. Pero también debe reconocerse que la ciencia debe explorar sus posibilidades, incluyendo revisión de sus paradigmas, antes de dar paso a la participación de la metafísica/teología. Este comentario es motivado por lo que vimos anteriormente en la Mecánica Cuántica, y también por la rigidez que la ciencia ha adoptado en su práctica, por influencias de la ideología materialista, negándose a explorar nuevos paradigmas, como lo comentaremos más adelante.

Diagnóstico diferencial de propiedades emergentes y productos resultantes.

La situación del emergentismo se ha intentado refinar con disquisiciones acerca de lo que constituye verdaderamente un fenómeno emergente nuevo y diferente, que lo distinga de las combinaciones de las características de los componentes de la complejidad que lo sostiene o de los estados que lo preceden, esto es: productos resultantes. Hay consideraciones epistemológicas y ontológicas para precisar esta diferencia; las epistemológicas se basan en la leyes de la ciencia, y son por tanto inmanentes. Desde la perspectiva epistemológica, los fenómenos emergentes son consideradas "emergentes débiles", en cuanto estos fenómenos se estima que en buena parte, se pueden reducir a leyes de los estados anteriores del sistema. Se considera que los procesos sistémicos, como la organización funcional, la causalidad no lineal, y otros fenómenos emergentes similares, son fenómenos emergentes débiles; e incluso algunos autores piensan que todo este tipo de fenómenos emergentes, puede ser explicado por leyes o teorías de niveles inferiores, o incluso a interacciones con sistemas colaterales.

En cambio, desde la perspectiva ontológica se recurre a factores metafísicos para fundamentar el diagnóstico de emergencia propiamente tal; naturalmente las propuestas con fondo ontológico se consideran ser las más firmes, y se caracterizan por ser, cualitativamente diferentes, impredecibles y regirse por leyes diferentes a las de los estratos inferiores; pero aún más fundamental para algunos autores, es que estos fenómenos emergentes ontológicos, tienen poder causal descendente sobre las partes constituyentes de la complejidad que los soporta o de los niveles anteriores, aunque no todos los expertos apoyan este requisito. Y se debe agregar, que hay autores que simplemente rechazan de plano las explicaciones ontológicas para el emergentismo, para quedarse con las explicaciones científicas, esperando reducirlos a la cadena mecanicista de los procesos físicos y químicos.

En estos estudios se señala que las cualidades resultantes de las combinaciones de las características de los componentes, son distintas a las de los componentes antes de combinarse, y no siempre son posibles de anticipar, aunque una vez presentes, es posible inferir su origen por el análisis de sus características. En todo caso y en rigor, estas propiedades resultantes, no se pueden considerar auténticamente emergentes, por no ser cualitativamente diferentes, sino fundamentalmente cuantitativamente distintos --como, más pesado que cada uno de los componentes; o ser simplemente productos de las interacciones de las propiedades de los elementos constitutivos, como sería el caso de la presión y temperatura de un gas con respecto a las moléculas o átomos que lo constituyen, pero que se explicarían por su movimiento y choque entre ellas; los fenómenos resultantes serían reducibles a las leyes y verdades de los estados previos.

De manera que tenemos en la literatura pertinente, diversos autores con ópticas diferentes, destacando rasgos distintos con gradaciones variables, para calificar los fenómenos emergentes como tales, y distinguirlos de los fenómenos resultantes. En este esfuerzo por encontrar un diagnóstico diferencial preciso, se han diseñado conceptos –superveniencia--, para significar tipos de relación de covariación entre grupos de rasgos emergentes y grupos de rasgos de niveles inferiores y, así explicar lo aparentemente emergente. Con el término superveniencia, que se encuentra con frecuencia en la literatura acerca el emergentismo, particularmente en la filosofía de la mente, se hace referencia a fenómenos emergentes 'determinados' –dependientes-- de niveles inferiores. En estos fenómenos de superveniencia se consideran factores ontológicos para explicar las relaciones de lo emergente con los niveles precedentes; y naturalmente hay muchas variaciones entre los distintos autores acerca de las características de estos factores ontológicos. Con esta conceptualización se espera mostrar que la mente humana depende –emana--, de los niveles inferiores Por estas alambicadas características del concepto de superveniencia, no resulta extraño que muchos autores se hayan opuesto a hacer equivalentes los términos de emergente y superveniencia.

En la proliferación de opiniones acerca del emergentismo, con complicados matices y combinaciones de diversos rasgos para conectarlo de alguna forma con los niveles subyacentes, se traen a colación también, fenómenos de auto-organización de la materia o, se apela a desconocidas y enigmáticas, e inaccesibles micro causas materiales para dar cuenta de los fenómenos emergentes. En suma, no hay un criterio definitivo para distinguir con precisión lo verdaderamente emergente, de la resultante de los componentes de la complejidad que los soporta; ni tampoco tenemos claridad etiológica de estos fenómenos emergentes, solo muchas opiniones encontradas y un sinfín de detalles que no clarifican el problema en forma definitiva y consensuada. Lo más aceptado como emergente verdadero es la conciencia, aunque no faltan los autores que se empeñan en reducirla a lo físico.

Progresión creciente de los niveles de complejidad y sus propiedades.

De modo que el emergentismo se nos presenta con dificultades para definir las características que puedan diferenciarlo con nitidez de las propiedades resultantes de la combinación de las propiedades de los elementos que lo hacen posible; además, y en estrecha relación a estas dificultades, las explicaciones ofrecidas de sus posibles causas son, limitadas e insatisfactorias. Pero una cosa resulta clara y evidente, el mundo tal como lo conocemos, incluyendo a los seres humanos, nos indica un grado de complejidad estructural increíble, y un espectro de propiedades igualmente asombrosas, que resaltan la impresionante progresión de la organización de los elementos 'materiales' y de las propiedades y funciones que se observan conjuntamente, particularmente evidentes en el mundo biológico. Esta es una progresión simplemente inimaginable, si tenemos presente que todo este esplendor se desprende desde las más simples estructuras y fuerzas físicas conocidas: los cuantos y las fuerzas elementales de la naturaleza, desde el comienzo del universo. Es imposible evitar preguntarse, y cómo todo esto es posible, si estos elementos aunque posean propiedades curiosas y extrañas, no cuentan con ningún poder directivo reconocido que organice las acciones para generar   complejidades significativas capaces de apoyar propiedades igualmente complejas y asombrosas.

Se argumenta que las fluctuaciones cuánticas podría ser la fuente de producción de partículas cuánticas, emergiendo desde un fondo enigmático al que se tiende a atribuir el origen y el comportamiento de la materia/energía, y así, de este misterioso fondo, se comprenderían los fenómenos emergentes; incluso se aventura a conectar este fondo, con la explicación del libre albedrío del ser humano. No es necesario comentar que estas teorías y especulaciones distan de ser aceptadas como datos consumados comprobados por la ciencia vigente. Agrego también, por el calibre del contenido y de sus proyecciones, la peculiar aparición del emergentismo propuesta en la Teoría Unificada de la Gravedad Cuántica; esta Teoría relaciona fundamentalmente la Mecánica Cuántica, con la Teoría de la Relatividad Especial y General, y con el Modelo Estándar de las partículas subatómicas, para justificar la emergencia de un Universo que se actualiza a sí mismo. En la base de estos estudios de física teórica, se postula la 'información' como componente primario de la realidad, información simbólica con códigos y reglas que requieren de una forma de 'conciencia' para constituirse en verdadera información con sentido; este grupo de teóricos distingue los símbolos con un significado agregado subjetivamente, como es el caso de la paloma símbolo de la paz, y símbolos cuyo sentido se desprende de ellos mismos, como un cuadrado es símbolo de la cuadratura y un círculo símbolo de la circularidad; son estos últimos los importantes en esta Teoría. Estos teóricos postulan que el universo es entendible geométricamente, desde las fuerzas fundamentales y los cuantos, hasta las estructuras macroscópicas del mundo tridimensional. Este argumento lo justifican utilizando el lenguaje y la matemática de los cuasicristales, que son patrones aperiódicos que se logran con proyección de un cristal (de patrón regular) de una dimensión espacial mayor a una menor, por ejemplo de D3 a D2; de este modo, con este tipo de proyecciones, se pueden lograr variados y complejos patrones cuasicristales (entretejido de marcos). Un proceso de este carácter ocurriría en los electrones concebidos en pixeles (unidad de imagen digital), que con el tiempo, al interrelacionarse, tomarían innumerables formas diferentes –marcos--, y 'emergería' el mundo que conocemos. Los detalles de estos procesos y transformaciones de marcos geométricos, es naturalmente muy técnico; adjunto una cita que ilustra esta situación: "La teoría de la emergencia visualiza el espacio-tiempo de un modo que elabora desde el modelo espacio temporal de Einstein, en el que el futuro y el pasado existen simultáneamente en un objeto geométrico. Nosotros visualizamos este objeto como un sistema en el que todos los marcos de espacio-tiempo interactúan todo el tiempo con todos los otros marcos. En otras palabras, hay un arco de causalidad de relación constante y dinámica entre todos los momentos en el tiempo, en el que el pasado influye en el futuro, y el futuro influye en el pasado." (Klee Erwin) La 'conciencia' aparece en este cuadro teórico especulativo, en forma de un "vector de inspección" [viewing] en los pixeles, como "observadores en micro escala". "Estos observadores actualizan la realidad haciendo ultra rápidas elecciones, en escala de Planck, acerca de los estados binarios de los pixeles (on, off; izquierda, derecha) en todo momento del tiempo." (Klee Erwin) Estas formas primitivas de conciencia, pero fundamentales y sofisticadas, continúan desarrollándose hasta alcanzar el nivel de la conciencia humana, pero como no hay ninguna ley que limite este proceso, la emergencia de la conciencia llegaría a inundar el universo entero. Me he detenido un tanto en esta elucubración, porque enseña bien las especulaciones teóricas de la ciencia contemporánea, e ilumina sus limitaciones en explicar la aparición de la complejidad creciente y las propiedades 'emergentes', desde bases causales que no poseen lo que muestran sus supuestos efectos; simplemente no hay un poder causal en el material electrónico para explicar la emergencia de una 'conciencia', por incipiente que sea.

En suma, el desafío que presentan los fenómenos emergentes a la ciencia, no es resuelto en forma convincente, aunque como hemos visto, la gran mayoría de los autores se inclinan a explicarlos de un modo u otro como ligados a los procesos físicos que los anteceden; lo que significaría que no se trataría verdaderamente de fenómenos emergentes, sino que serían meros fenómenos resultantes, por alambicadas que sean las explicaciones. Tampoco presentan un cuadro claro los autores que intentan explicarlos recurriendo a factores ontológicos, a lo más se explicaría porque, así es la estructura ontológica del mundo, lo que es una explicación insatisfactoria.

En el próximo apartado examinaremos brevemente el azar y la causalidad física como fuentes del emergentismo.

Bibliografía:

1. Klee Erwin. Emergence Theory. A Theory of Pixelated Spacetime and of Reality as a Quasicrystalline Point Space Projected From the E8 Crystal. En: Quantum. Home of Emergence Theory.
    http://www.quantumgravityresearch.org/emergence-theory-overview (Accedido en Noviembre, 2017)

AZAR Y CAUSALIDAD FÍSICA EN EL ORIGEN DEL EMERGENTISMO

En búsqueda de las causas del origen de la complejidad y del emergentismo.

Una mirada al panorama confuso e incierto que nos muestra el estatus del emergentismo, nos indica que la ciencia no ofrece soluciones claras para dar cuenta coherente de la creciente complejidad de las estructuras materiales y sus propiedades en el curso del desarrollo del universo. Los esfuerzos realizados desde la filosofía, no resuelven tampoco el problema, sus propuestas son multicolores, sin alcanzar ningún acuerdo sostenible; el emergentismo permanece en su mayor parte, oscuro y enigmático.

En este artículo exploraré muy brevemente las posibilidades de la ciencia frente al problema del emergentismo, a partir de lo que hemos visto acerca del azar y de la causalidad física; naturalmente esta exploración es realizada con las limitaciones propias de este estudio, recordando que esta no es una revisión académica, sino que su propósito es intentar una comprensión de estos complejos temas, en la forma más sencilla posible, siguiendo principios que me parecen básicos para su entendimiento: las posibilidades del azar y de la causalidad física.

Es entonces conveniente recordar que la noción de causalidad es fundamental en ciencia, y es claro que no hay transformación o movimiento sin una causa que dé cuenta de ello. En física tenemos cuatro interacciones fundamentales que no pueden ser reducidas a otras, estas son conocidas como las cuatro fuerzas fundamentales de la naturaleza: fuerza de gravedad, fuerza electromagnética, fuerza nuclear mayor y fuerza nuclear menor. Estas interacciones se describen como campos, y están mediadas por partículas cuánticas, como el gravitón para la fuerza de gravedad y el fotón para la fuerza electromagnética. Las fuerzas fundamentales son responsables de los cambios de los estados energéticos de los diversos sistemas, y por tanto son las causas primarias físicas de cualquier cambio o transformación que se conciba en el mundo material.

La oscuridad causal que hemos mencionado en la sección anterior, no se limita solo a los fenómenos emergentes; porque si nos detenemos un momento en examinar la causalidad en la ciencia, se hace evidente lo ya sabido y mencionado, la física no cuenta con una causa final que canalice los efectos de las fuerzas elementales de la naturaleza a metas de complejidad y organización creciente, estas fuerzas operan como meras causas eficientes, con acciones que se limitan a un (+) o un (-), sin otra dirección que sus efectos inmediatos, fundamentalmente de atracción o rechazo; son básicamente miopes. En estas circunstancias es inevitable pensar y preguntar, cómo esos minúsculos corpúsculos que llamamos cuantos y sus campos de energía, logran agruparse tan específicamente para constituir un átomo de materia, que por simple que sea, es de una complejidad significativa y de notables propiedades; y después del átomo siguen las moléculas y los diversos objetos y cuerpos que pueblan el universo, hasta llegar a la aparición de la vida y su despliegue. No se puede echar mano a las fuerzas fundamentales, porque estas no poseen capacidad de organización selectiva, aunque naturalmente, tienen el poder de amarrar los componentes del átomo, y de toda complejidad material, para que no se dispersen. Cómo ocurre este fenómeno de creciente complejidad tan especial de cuantos a átomos, a moléculas, a cuerpos, etc. en la historia del universo, sin fuerzas directrices que guíen el proceso, constituye una cuestión importante, que merece reflexión y necesita una respuesta.

Una posible solución, sería echar mano al azar; esto ocurre, porque así ocurrió, no por ninguna selección especial de las fuerzas envueltas, sino porque los componentes necesarios estaban por ahí muy bien dispuestos, y se fueron ligando 'mecánicamente' por las fuerzas mencionadas; el orden y la organización que se generó, y que se va generando en el curso de los milenios del universo, sería simplemente accidental; esto significaría que las complejidades y sus propiedades se constituyen fortuitamente. Desde esta perspectiva del azar, la explicación de toda complejidad y sus propiedades, y también de lo emergente, ocurre por una feliz combinación del azar y de la acción de las fuerzas fundamentales de la naturaleza. Sin duda estas fuerzas son las responsables de las atracciones, rechazos y uniones de los elementos que van a constituir los distintos objetos materiales, y de su dinámica física una vez organizada la complejidad con sus propiedades, pero no pueden considerarse responsables de la organización creciente en la evolución del universo. Recordemos que el azar no es un poder causal, y menos un poder creador; y para el pensamiento racional, nada proviene de la nada.

Incorporar el azar --lo que ocurre fortuitamente--, a la dinámica explicativa de la ciencia resulta en una asociación no muy favorable para la física-matemática, orgullosa de su esmerada precisión; para una ciencia rigorosa este factor no es aceptable en su seno. Esto nos lleva a explorar otra posibilidad de explicación de la organización del mundo material. Ya hemos insistido que no hay movimiento ni transformación en el mundo material que no sea comandado por una causa, y en física --por el momento--, son las cuatro fuerzas fundamentales de la naturaleza; nada material se mueve ni se transforma sin su participación.

De manera que si examinamos el vecindario de una partícula o de cualquier elemento material, encontramos otros corpúsculos o elementos que están ahí, no por el mero azar, sino por efecto de las fuerzas naturales, su posición está inevitablemente condicionada por estas fuerzas; realmente no se puede concebir que ningún corpúsculo o elemento material que se mueva --aunque sea por resultado de una fuerza con efecto explosivo--, sin una causa responsable de las características de su movimiento, incluyendo su dirección; no hay efecto que no sea condicionado por la causa de la que proviene, y no hay nada en un efecto que se pueda atribuir al mero azar natural.

De manera que no podemos considerar el azar como el factor que organiza fortuitamente la evolución universal, ya que lo que una partícula encuentra en su ambiente para unirse y construir un compuesto complejo, está ahí como efecto de una o más causas, su posición está determinada. Ahora, si todos estos procesos son causados, ¿significa esto que la evolución del universo es producto 'mecánico' (sin poder organizativo) de las acciones de las fuerzas fundamentales? La respuesta es un definitivo no, no es posible, estas fuerzas no tienen el poder organizativo para realizarlo.

En suma, la pregunta de cómo surge la organización del mundo y sus propiedades, no puede explicarse echando mano a la respuesta fácil: se trata de un proceso accidental, fortuito. Pero tampoco se puede argumentar que son el simple resultado de las acciones de las fuerzas fundamentales que rigen el movimiento y la transformación de todo lo material; naturalmente estas fuerzas están envueltas mecánicamente en el proceso, pero no explican la organización creciente del mundo con una miríada de rasgos y funciones, desde los cuantos hasta el cerebro humano. Esta situación deja a la ciencia física sin una explicación adecuada de la progresión de la complejidad y sus propiedades en el curso del universo, y del funcionamiento interdependiente de todos los componentes materiales del mundo actual, particularmente los biológicos, que muestran claramente funciones específicas para el sostenimiento de la vida.

En el próximo y último capítulo mencionaremos la información y la acción inteligente como fuentes causales de complejidad y emergentismo.

INFORMACIÓN Y ACCIÓN INTELIGENTE COMO FUENTES DE COMPLEJIDAD Y EMERGENTISMO

Información e inteligencia.

La perspectiva básica que hilvana el desarrollo de los capítulos de este trabajo, es un principio inapelable: no hay ningún movimiento ni transformación del mundo material que no obedezca a una causa, y que siguiendo consecuentemente las enseñanzas de la física, esta causa es derivada de las cuatro fuerzas fundamentales reconocidas en la actualidad por esta ciencia. Incorporar el azar en el proceso científico para justificar sucesos que no se pueden explicar con las simples acciones de esas fuerzas fundamentales, no es consistente con su determinismo causal, e implica un recurso a lo irracional, que debilitaría la precisión y el rigor científico de esta ciencia, dañando además, su valioso aporte gnoseológico. Esta situación de restricción y límite que enfrenta la ciencia, la deja en la visión de sus entusiastas desmedidos, y de los ideólogos mecanicistas materialistas adosados, en una situación incómoda, porque al haber 'olvidado' los límites adoptados para sus objetivos y elección de su metodología matematizada, la presentan como el conocimiento por excelencia que le permitiría explicar todo lo existente con principios mecanicistas naturalistas; lo que es obviamente imposible. La ciencia en la Revolución Científica del Siglo XVII y XVIII, dejó de lado la causa final organizadora de toda acción, y también la causa formal como el principio de vida en los seres animados, limitando la óptica científica del estudio de la naturaleza; pero los defensores actuales del status quo del mecanicismo naturalista, desdeñan explorar en ciencia perspectivas epistemológicas más amplias, y frenan así, su avance y progreso.

Pero la ciencia ha comenzado a hablar de la presencia de información en los procesos materiales, información que dirigiría la actividad mecánica para los logros de la complejidad creciente en el mundo. Esta propuesta es interesante y significativa, y podría explicar muchos fenómenos naturales, pero enfrenta resistencia en el clima ideológico actual, porque la información, por simple que se conciba, implica un sentido y propósito, y esto a su vez apunta a la presencia de una inteligencia en su origen. Pretender –como se ha hecho--, que la información es solo un proceso inmanente material de auto-organización, es una explicación sin salida, porque en el mundo material ninguna transformación ocurre sin una causa, y en ciencia no tenemos ningún poder causal capaz de generar información. Desgraciadamente hablar de inteligencia a este nivel, es prohibido ideológicamente, por apuntar a temas metafísico-teológicos adversos al materialismo imperante en la cultura actual. La presencia de información en la naturaleza es un tema fascinante, pero no forma parte de este trabajo.

Sin embargo, antes de dar por terminado este estudio, creo que es oportuno mencionar muy brevemente la Tesis del Diseño Inteligente (TDI). Esta Tesis se concentra primordialmente en las complejidades materiales que exhiben una organización de la actividad de sus componentes dirigida a la realización de un fin específico, esto es, están organizados teleológicamente. Las estructuras teleológicas se encuentran particularmente en biología, y su fin o meta es de carácter funcional; esta conclusión está basada en la observación, análisis y experimentación biológica. La TDI señala que el origen de este tipo de organización formal teleológica con meta específica, funcional, solo se le conoce un origen --en nuestro mundo actual--, y este es, una acción inteligente; esta afirmación se basa igualmente, en la observación y en los estudios de estas estructuras y su realización; una organización teleológica funcional, implica planeamiento, propósito, capacidad de elección y discernimiento; estas son propiedades de una acción inteligente, ampliamente estudiada en psicología y otras ciencias, y constatada en la vida diaria. En otras palabras, la formulación de esta tesis es producto de la actividad científica actual, no es una hipótesis meramente plausible de algo que pudo haber ocurrido en tiempos históricos.

En base a las consideraciones mencionadas, la TDI propone que las estructuras biológicas teleológicas –paradigmáticas para esta Tesis--, envuelven una acción inteligente en su estructuración y funcionamiento. Las implicaciones de esta propuesta son muy significativas para la ciencia, a la que provee con una base objetiva para los análisis y coherencia de los estudios que se realizan en el campo biológico. Pero al mismo tiempo, representa un serio desafío a la ciencia adherida rígidamente al naturalismo mecanicista ideologizado, que se opone violentamente a la TDI, negando los hechos destacados, y especulando acerca de posibles vías materialistas evolutivas que explicarían estos hallazgos científicos. Pero el desafío de la TDI no solo afecta a la ciencia, sino también a la metafísica/teología, a la que le corresponde la tarea de elaborar las características y el estatus de la agencia inteligente responsable de las acciones propuestas por la Tesis; y esto implica revisión de ciertas interpretaciones que se han enrigidecido, obstaculizando su visión de la ciencia y de la naturaleza. (Ruiz R., F. Junio 2017)

Sin duda la información depositada en el mundo material, puede explicar la organización creciente del mundo y tal vez muchas de sus propiedades, pero cuando tocamos con la aparición –'emergencia'--, de la vida misma, y posteriormente de la consciencia en todos sus grados, esta información no resulta suficiente para esclarecer estos misteriosos –'milagrosos'--, desarrollos, íntimamente ligados a complejidades materiales funcionales. En mi opinión, su presencia nos enfrenta con una frontera que requiere para su comprensión, de una racionalidad abierta a otras dimensiones más allá de la ciencia y de la filosofía.

Con estos breves comentarios acerca de la información, incluyendo la TDI, cierro este estudio que no ha tenido otro objetivo que explorar y aprender acerca de los temas tratados, y que es ofrecido al lector interesado, con el ánimo de compartir conocimientos y de abrir perspectivas, y de estimular su interés por estos apasionantes temas de la ciencia y sus fronteras.

Bibliografía:

1. Ruiz Rey, Fernando (Junio 12, 2017). Desafío de la Teoría del Diseño Inteligente, y la Respuesta de la Metafísica/Teología. OCCDI, 2017.